実務に役立つ

機械設計の考え方×進め方

鈴木剛志 著

Ohmsha

本書を発行するにあたって，内容に誤りのないようできる限りの注意を払いましたが，本書の内容を適用した結果生じたこと，また，適用できなかった結果について，著者，出版社とも一切の責任を負いませんのでご了承ください．

本書は，「著作権法」によって，著作権等の権利が保護されている著作物です．本書の複製権・翻訳権・上映権・譲渡権・公衆送信権（送信可能化権を含む）は著作権者が保有しています．本書の全部または一部につき，無断で転載，複写複製，電子的装置への入力等をされると，著作権等の権利侵害となる場合があります．また，代行業者等の第三者によるスキャンやデジタル化は，たとえ個人や家庭内での利用であっても著作権法上認められておりませんので，ご注意ください．

本書の無断複写は，著作権法上の制限事項を除き，禁じられています．本書の複写複製を希望される場合は，そのつど事前に下記へ連絡して許諾を得てください．

(社) 出版者著作権管理機構
(電話 03-3513-6969, FAX 03-3513-6979, e-mail: info@jcopy.or.jp)

JCOPY ＜(社) 出版者著作権管理機構 委託出版物＞

はじめに

　近年のコンピュータ社会は日常生活に大きな変化をもたらし，家電製品や産業機械にもコンピュータが組み込まれ，さらにはネットワークで情報を共有する時代が到来しました．また，作図，解析，試作などの機械設計の現場で大幅な品質向上，効率化が実現する一方で，少量多品種の生産現場では職人ともいえる高度な技術者が，工作機械を駆使してあるいは手作業で精密機器を製造しているのも事実です．したがって，機械工学系の学生や若い技術者の皆さんは，以前にも増して幅広い見識，教養，技を身に付けなければなりません．

　しかし気負う必要はありません．毎日の生活のなかで「少しでも良いものをつくりたい」という想いがあれば，自分自身の心の器を大きくすることは可能です．

　本書はこれから機械設計を学ぶ若い設計技術者を対象に執筆しました．企業での機械設計のノウハウは大きく二つに分類できます．一つはチームプレーとしての設計です．基本仕様をどう決めるか，設計内容を審査するための手段をどうするか，開発期間をどのように設定するか，などが該当します．二つ目は設計者個人としてのスキル（技）です．仕様に基づいた設計のなかでどのように強度や安全を組み入れていくか，など細かい内容が該当します．本書ではこの二つ目のノウハウである設計者個人へのスキル養成を主旨として編集されています．この理由は，経験の少ない若い技術者が，組織の設計方針を見直すことや改革することはできないからです．それよりも若手はベテランから謙虚に学び，精進することが必要で，その手助けになればという筆者の願いを込めています．

　企業では効率化により人員が整理され，少ない要員で日々の業務が行われています．このため，基本をじっくり教えてもらえる環境が減ってきています．本書を活用して，設計者の基礎をしっかり身に付け，未来の豊かな暮らしに貢献する技術者に成長してもらえることを願っています．

　末筆となりますが，執筆にあたりご指導，ご協力いただいた関係各位，オーム社の皆様に心から御礼申し上げます．また，技術者としての師である工学院大学の故住野和男先生に敬意を表し，感謝申し上げる次第です．

　2016 年 1 月

鈴 木 剛 志

目次

1章 機械設計の基礎知識

2	1.1	人と機械
2		日常生活のなかの機械
2		機械設計の着眼点
5		機械設計者としての心得
6	1.2	機械材料
6		機械材料と応力
6		金属材料の性質
7		機械材料の製造
8		鉄鋼材料
9		一般構造用圧延鋼材
10		ステンレス鋼
10		アルミニウム
11		その他の非鉄金属
12	1.3	加工方法
12		付加・接合
13		成　形
15		除　去
15		改　質
16	1.4	工具・用品
16		スパナ・レンチ
17		ねじ回し
18		研削工具
19		切削工具
19		その他の工具・用品
21		携帯品
22	1.5	動力工具と工作機械
22		動力工具
23		工作機械
25		産業用ロボット
26	1.6	計測知識
26		計測技術と設計
27		測定工具
30	1.7	機械要素
30		小ねじ
32		ボルト・ナット
33		座　金
34		ば　ね
35		歯　車
36		軸　受

2章 機械図面の読み方・描き方

40	2.1	図面の役割
40		図面の使い方
40		構想設計と図面
41		基本設計と図面
41		詳細設計と図面
42		製造と図面
42		品質管理と図面
43		保全と図面
43		技能継承と図面

2.2 図面の様式
- 44 図面の用紙
- 44 表題欄
- 45 輪郭および輪郭線
- 46 中心マーク
- 47 方向マーク
- 47 比較目盛
- 48 図面の格子参照方式
- 48 裁断マーク
- 49 部品欄
- 49 尺度
- 50 図面の折り方

2.3 線と文字
- 52 線の種類と用途
- 54 線の優先順位
- 56 図面の文字

2.4 投影法
- 59 投影法とは
- 59 透視投影と平行投影
- 60 正投影図
- 61 投影方法
- 61 第三角法
- 64 立体図
- 67 投影法の理解

2.5 図示法
- 68 図示法の基礎
- 72 断面図の描き方
- 76 図面の省略
- 78 寸法の記入法
- 81 表面性状

2.6 寸法公差
- 84 寸法公差の意味
- 84 寸法許容差の表し方

3章 機械設計の手順

3.1 企画と構想
- 92 設計者としての心構え
- 93 企業としての設計者
- 95 社会貢献と設計
- 97 個人の思想と設計
- 99 設計した製品の気づき一覧
- 100 設計改良の一覧

3.2 課題抽出と開発
- 102 時代要請と社会貢献
- 106 ニーズと意思決定
- 108 計画策定

3.3 基本設計
- 112 優先順位の明確化
- 114 仕様の決定
- 115 仕様変更・保全作業性
- 117 使用部品の選定

3.4 詳細設計
- 119 詳細設計の進め方
- 120 設計事例

3.5 デザインレビュー
- 129 デザインレビューとは何か
- 129 デザインレビューへの心構え
- 130 デザインレビューへの準備
- 131 デザインレビューで得られるもの
- 132 デザインレビュー後の進め方

4章 機械設計と機械保全の関係

4.1 機械保全の必要性
- 136 故障と保全
- 136 バスタブカーブ

137		故障モードと故障メカニズム	
138		JIS による定義（JIS B 8115）	
139		故障解析	

140　4.2　検査と保全

140　　　検査と点検
140　　　試　験
144　　　保　全

147　4.3　信頼性の基礎知識

147　　　信頼性の付与
148　　　信頼性用語の基礎
149　　　信頼性と設計

152　4.4　品質管理

5章　機械設計の重要ポイント

162　5.1　発想から設計へ

162　　　設計者の必要要件
163　　　発想事例

167　5.2　製品の安全性

167　　　安全第一
167　　　製品事故の推移と原因
167　　　製造物責任法と安全性

169　5.3　効率の良い業務管理手法

169　　　5Sと効率化
170　　　必要・重要分類
172　　　ガントチャートの活用法

174　5.4　コミュニケーションスキル

174　　　健康とコミュニケーション
175　　　あいさつの効果
175　　　確認会話
176　　　ティーチングとコーチング

178　5.5　会議運営・プレゼンテーション・文書作成のスキル

178　　　会議運営
179　　　プレゼンテーション
181　　　文書作成

1 章

機械設計の基礎知識

1.1 人と機械

日常生活のなかの機械

　日常生活のなかで，私たちは多くの機械を使っています．起床の目覚まし時計，朝食のトースタ，駅までの自転車やバス，通勤電車など，朝だけでもたくさんの機械を使用しています．私たちはこのように，日常的に機械を手軽に利用することができるようになり，その結果人間はたくさんの文化的価値を手に入れることができたわけです．

　これら一つひとつの機械には，製品として使用されるまでに企画，設計，製造，検査，出荷，流通，販売などのルートがあり，そこでは多くの関係者が動いています．このなかでも企画や設計は機械設計の分野として専門の技術を得た人材が活躍しています．そして市場に出ている機械製品，日常利用する産業機械などは，その中に技術者の情熱，誠意，こだわりなどを見出すことがあります．また，そういった部分を見つけると，大いに勉強になるものです．

機械設計の着眼点

　これは鉄道車両に使われている部品です．鉄道車両は一度にたくさんの乗客や貨物を少ないエネルギーで輸送することができる利点があります．この部品は，車両どうしをつなぐために使われる

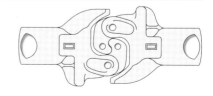

鉄道車両の連結器

「**連結器**」と呼ばれるものです．鉄道模型や子供のおもちゃにも同じように車両を連結する部品はついていますが，実物はとてもよくできた機械構造物です．著者がこれまで出会った機械構造物のなかでも，無駄がなくとてもよくできた製品だと感じています．連結器は，その名のとおり車両を連結するための機械部品ですが，これを例に，機械を設計する場合の着眼点を考えてみましょう．

連結器の要件

① 走行中の振動，変位で連結が外れないこと
② 車両間の引張負荷に耐えられる強度を有すること
③ 車両間の圧縮負荷に耐えられる強度を有すること
④ 走行中の負荷に対し，使用年数（数十年）に耐えられる強度を有すること
⑤ 連結，解放操作が容易にできること　など

連結器といえば多くの車両を連結して「引っ張る」ことだけを考えてしまいますが，実際には引張負荷だけでなく圧縮負荷にも耐えなければなりません．逆に圧縮負荷の設計を誤ると連結器本体の破損だけでなく，列車自体が座屈して事故につながってしまいます．**座屈**は一般に柱の長さ（ここでは列車編成長さ）に依存して発生するものですが，列車全体が連結器を節にしてポッキリ折れてしまうような現象をいい，当然ながら大きな事故につながります．

列車座屈

それでは次に引張負荷を見てみましょう．先頭に動力をもった機関車が10両の貨車を連結していたとします．仮に貨車1両を動かすために10 kNの力が必要だとします．出発の際，最後部とその一つ前の貨車との間の連結器は，最後部車両1両分の10 kNの負荷を受けます．その一つ前の車両の連結器は，2両分20 kNの負荷を受けます．こうして順に前の方の車両にいくに従って，連結器にかかる負荷は増加し，最後に機関車の連結器には10両分100 kNの起動負荷がかかります．こうして考えると機関車の連結器は常に高い負荷を受けてしまいますので，破損の危険があり，強度を高く保たなければなりません．しかし，現実には連結器は同じ規格で設計しないと相互に連結することができません．

1 章　機械設計の基礎知識

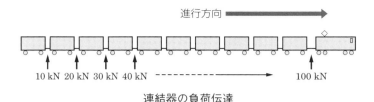

連結器の負荷伝達

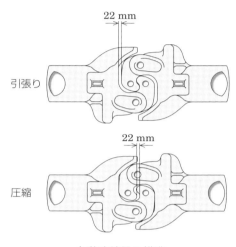

自動連結器の構造

　ここで，実に面白い工夫がなされています．この連結器は人間の右手が，ちょうど指相撲をするようなかたちで相手と組み合い，右図に示すようになります．

　この図を細かく見ると，組み合った相互の連結器に 22 mm のすきまがあることがわかります．実はこのすきまが重要な役割を担っています．機関車が動き出した瞬間はこのすきまによってほぼ単独で動き出します．次の瞬間にこのすきまがなくなり，隣の貨車の負荷を受けます．
しかしその次の貨車との間には同様にすきまがありますので，負荷は 1 両分だけになります．このようにして，短時間で負荷が前から順にかかっていくことで，起動時に機関車の連結器に負荷が集中することを防止しています．

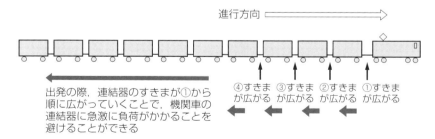

連結器の負荷の緩和

　ここで紹介した連結器の優れている点は，対象となる機械構造物の使用条件を的確に把握し，至ってシンプルな構造で課題を解決していることです．そして，

不思議なもので，こういった無駄のない優れた機械構造物は，とても美しい形をしています．

機械設計者としての心得

工業高校や専門学校，大学では電気，電子，機械といった工学の分野があり，近年ではさらにコンピュータのハードウェア，ソフトウェアなど，内容が多様化・細分化していますが，実際の設計はこれらのさまざまな分野の課題を考慮しながら行わなければなりません．したがって，「機械屋だから機械だけ」では済まなくなり，幅広い知識が必要になってきていることはいうまでもありません．

しかし一方で，学校や企業では限られた期間で人材を育成しなければならず，その結果，基本を会得せずにいきなり応用作業から教育される場面も少なくありません．そういった教育を受けた若い技術者に対して「今の若い人は」というベテランがいますが，若い人は何も悪くありません．単に基本となるべきことを教えてもらっていないだけです．いくら情報が簡単に得られる時代でも，探すものを知らなければ会得しようにもできません．

では，機械設計で基本として心得ておくべきことは何でしょうか．読者のみなさんはどう考えますか．いろいろな視点がありますので一概にはいえません．職場の上司や指導者によって違うかもしれません．まず幅広く多くの人の意見を聴いてみてください．そのなかで，明瞭に「これだ！」というものを感じたら，それを大切にしてください．先に紹介した鉄道車両の連結器のように，昔から使われているシンプルな機械に教えられることもたくさんあります．機械設計の仕事をしていると，どうしても中核となる構造部分に視野が集中してしまいます．

しかし，ときどき全体を見て，構造的なバランス，意匠，使い勝手などを感じるようにしてください．たいせつなことは，「思考停止」しないことです．

① シンプルな機械製品は時間をかけてよく観察すると，隠れた機能が見えてくる．
② 普段使っている機械製品を強度や機構，材質など設計的視点で見るようにする．
③ 基礎を謙虚に学び，常に思考を止めないことを心掛ける．

1.2 機械材料

機械材料と応力

　金属材料の感触は，ほとんどが冷たく硬い物質です．しかし，機械製品に使用するためには感触だけではわからない，材料そのものの特性をよく理解しておく必要があります．特性は，その種類によって差異がありますが，ここでは鉄鋼材料を例に解説します．

　機械工学では応力という言葉をよく耳にします．残留応力，応力集中，許容応力，応力腐食割れなどさまざまですが，ここでまず応力について理解しておきます．右図のような金属の円柱の上部に荷重をかけると，円柱はその荷重を支えます．これは円柱の内部に，荷重を支える反力が発生しているからで，この材料内部に発生する単位面積当たりの反力を**応力**と呼びます．

応力の概念

　もし材料の許容できる応力を超える荷重がかかるとするならば，負荷を受ける面積を大きくして，単位面積当たりの反力を下げる設計を行います．また，部材は複雑な形状であることも多いため，材料内部の力の流れを計算や解析でしっかり見積もり，応力の局部的な集中を避けなければなりません．この作業は設計者にとって基本的なことですが，一方で油断すると，想定していなかった部分に応力が集中して破壊に至ることがあります．

金属材料の性質

　金属材料には材質によっていろいろな性質があり，その性質を利用して機械構造物の性能を向上させています．主な性質をまとめると以下のようになります．

　① **弾性変形** ⇨ 荷重によって変形した材料が，荷重を0に戻すと材料のもとの形状に戻ること．

② **塑性変形** ⇨ 荷重によって変形した材料が，荷重を 0 に戻しても変形したままになること．

荷重をかけ始めると**弾性変形領域**での変形がはじまり，そのまま荷重を増加させると**塑性変形領域**での変形となります．設計においては構成部材にかかる負荷を想定し，弾性変形領域に安全率を考慮して板厚や軸径などを決めていきます．

また，弾性変形領域のなかであっても，繰返し荷重によって疲労破断することがありますので設計には注意が必要です．一方，加工では塑性変形領域を用いて材料を目的の形状にします．型に押し込んだり（プレス加工），ヘラで押したり（絞り加工）する方法です．

■ 金属材料の特性

① **延性**（えんせい）⇨ 金属材料が引っ張って延ばされる性質
② **展性**（てんせい）⇨ 金属材料が薄く箔状に展ばされる性質
③ **靭性**（じんせい）⇨ 金属材料の粘り強さの性質
④ **脆性**（ぜいせい）⇨ 金属材料の脆さの性質

金属材料は，材質や熱処理によって性質が変わります．自動車のボディなどは大型のプレス加工で成形されますが，これには延性の高い高張力鋼が使われます．展性は金箔に代表されるように，軟らかい金属を叩いて展ばす性質です．

靭性と脆性は相反するもので，極端な例として粘土ブロックとコンクリートブロックを想像してみてください．粘土ブロックは粘りがありますので外力を受けても変形して吸収し，バラバラに壊れることはありません．コンクリートブロックは外力を受けると変形することなく破壊します．金属にもこういった性質があります．これらの性質をしっかり理解したうえで設計に反映していく必要があります．

機械材料の製造

金属は，日常的に使用する製品の材料としてあらゆるところに使われており，私たち設計者も鋼板や線材などのような材料として，使いやすい性質，厚さ，形状に加工されたものを前提に設計を進めることが多くなります．また，ねじや歯車などの機械要素もこれらの素材から製造されています．このため，鉄鉱石などの原料から鋼片などの半製品までの工程については，どうしても認識が低くなっ

1章　機械設計の基礎知識

原料から製品まで

てしまいます．

近年，製品の環境負荷低減に対する要求が高まっており，こうした時代背景からも，素材の段階から環境を意識した効率の良い設計が求められています．金属材料は製錬工程で大きなエネルギーを消費します．たとえ薄い鋼板1枚でも無尽蔵に材料があるわけではなく，多くの工程からできていることを心に留めておいてほしいものです．

鉄鋼材料

金属材料のなかでも多く使われている素材が鉄鋼です．鉄の原料は鉄鉱石です．鉄鉱石には主に赤鉄鉱，磁鉄鉱，褐鉄鉱があり，これらの原料とコークス，石灰石を粉状にして焼結化し高炉（溶鉱炉）へ投入し，銑鉄が生まれます．その次の工程で銑鉄が転炉と呼ばれる炉のなかで精錬され，不純物が取り除かれます．このあと連続鋳造設備により帯状の鋼片となり，その断面形状によりスラブ，ブルーム，ビレットなどと呼ばれる半製品となります．

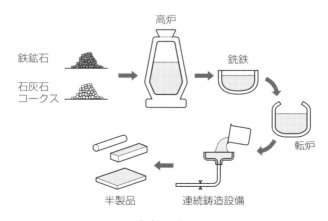

製鉄の流れ

半製品の種類

ビレット (billets)	断面が正方形で，1辺の長さが 130 mm 以下の鋼片または断面が円形の鋼片.
ブルーム (blooms)	断面が正方形または長辺が短辺の約2倍以下の長方形で，1片の長さが 130 mm 以上の鋼片.
スラブ (slabs)	断面が長方形で，厚さが 50 mm を超え，幅は厚さの約2倍以上の鋼片．鋼板および鋼帯の圧延素材として使用.

半製品として製造された鉄鋼製品は，さらに次の工程で必要な形の材料として加工されます．圧延，鋳造，鍛造，押出しなどの工法がありますが，この段階では多くの素材が圧延で加工されます．

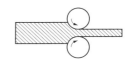

圧延加工

圧延による材料は主に板材と線材とに分けられます．また継目無鋼管も圧延によって製造されます．圧延された製品は厚板，薄板，線材，継目無鋼管に分けられ，出荷されます．

一般構造用圧延鋼材

鉄鋼材料は安価で加工性が良く，多くの種類があるので，身の回りの製品から自動車，船舶に至るまで広く使われています．熱処理により機械的性質を比較的自由にコントロールできることも特長です．

鉄鋼材料のなかでも**一般構造用圧延鋼材**は汎用材として使われています．特に **SS400** と呼ばれるものは鋼板や棒鋼などで一般に使用されるもので，製品の筐体など，強度をあまり必要としない部分に多く用いられています．

SS400 の意味

さらに熱間圧延の SPHC 材，冷間圧延の SPCC 材など，板厚やコスト，加工形状などによって使い分けることができます．

ステンレス鋼

ステンレス鋼は，炭素鋼にクロム（Cr），ニッケル（Ni）などを添加したものです．表面は酸化膜で覆われることから耐食性が高く，構造設計の際も，一般的な使用では，腐食，錆による強度低下を考慮する必要が少なくなります．このため結果的には構成部材を減らしたり，板厚を下げたりすることができます．ステンレス鋼は，組織の違いにより以下のとおり分類されます．

ステンレス鋼の分類

成分	分類	代表品種	成分（重量）%		磁性
			Cr	Ni	
Cr系	マルテンサイト系	SUS410	11.50〜13.50		有
	フェライト系	SUS430	16.00〜18.00		有
Cr-Ni系	オーステナイト系	SUS304	18.00〜20.00	8.00〜10.50	無
	オーステナイト・フェライト系	SUS329JI	23.00〜28.00	3.00〜6.00	有
	析出硬化系	SUS630	16.00〜18.00	6.50〜7.75	有

ステンレス鋼のなかで最も多く使われているものがオーステナイト系の**SUS304**と呼ばれるもので，Cr 18%，Ni 8%を含む18-8系ステンレス素材です．非磁性体であることで容易に判別できます．

アルミニウム

アルミニウムの原料はボーキサイトと呼ばれる鉱石であり，これを苛性ソーダ液で溶かしてアルミナ分を抽出します．そしてこのアルミナを溶融氷晶石の中で電気分解することでアルミニウム地金を製造することができます．こうしてできたアルミニウムは鉄鋼品と同様にスラブ，ビレット，ワイヤバー，インゴットなどの半製品として出荷されます．

スラブ　　　　ビレット　　　ワイヤバー　　　インゴット

アルミニウムの製品素材（半製品）

一般に多く使われているものはアルミニウム合金であり，これは添加物により機械的性質を向上させています．

アルミニウムは比重が 2.7 と非常に軽く，製品に軽量化が要求される自動車，航空機，鉄道車両などの輸送機器に多く使われています．特に近年では大型の押出機により長尺の形材が生産されるようになり，鉄道車両などの軽量化に大きく寄与しています．

アルミニウムは大気中で表面に酸化被膜を構成することで耐食性をもたせていますが，湿度の高い場所で長期間使用すると腐食が発生します．飛行機の機内の湿度が低いのは機体の腐食を防止するためです．一方で人工的に酸化被膜を生成して耐食性を向上させるものが**アルマイト処理**です．アルマイト処理により耐食性の向上だけでなく，艶のあるきれいな被膜と着色が可能となり，意匠性も向上することができます．

その他の非鉄金属

その他の非鉄金属材料のなかでよく使われるものに銅，チタン，マグネシウムなどがあります．

銅は熱，電気の伝導性が良く，銅線として電線にも使用されています．一部の銅合金を除いて切削性，圧延加工性が良好で，金色の独特の光沢をもつことから，工芸品や楽器などにも使用されています．

チタンは純チタンとチタン合金に大別されます．比重は 4.5 で，鉄の約 60％程度であり，いずれも耐食性に優れ，化学装置，石油精製装置から医療，食器，アクセサリーまで幅広い用途があります．

マグネシウムは比重が 1.7 と非常に軽く，振動吸収性や切削性に優れています．マグネシウム合金として自動車への使用が多く，エンジンブロック，ステアリングホイール，オイルパンなどの部位に使用されています．また，カメラ，携帯電話，車いすなどでも，軽量化を目的とする部位に多く使われています．

① 強度は解析結果だけで判断せず，全体の応力の流れを感じ取る．
② 使用環境や耐用年数を把握して材料を使い分ける．
③ 原料，素材段階からの製造方法を知ることで環境負荷を理解する．

1.3 加工方法

材料は板や棒などの半製品として供給されるので,必要な形状に加工することになります.使用する材料の材質や特性,目的とする形状,生産数量,コストなどを考慮して適切な方法をとります.加工方法には,大別して付加,接合,成形,除去,改質などがあります.

付加・接合

① **溶　接** ⇨ 同種もしくは異種の材料を溶融して一体化させる加工です.入熱での処理なので熱影響に配慮が必要です.摩擦攪拌接合(FSW)など,材料を摩擦熱で軟化させて接合する方法もあります.

② **肉　盛** ⇨ 溶接と似た作業ですが,材料を部分的に付加したいときに行います.溶接と同様に熱影響を受けます.作業後は溶接ビード(溶接跡)の仕上げ作業が必要です.

溶接による部材付加は,加工工程において,なくてはならない手法の一つとなりますが,熱による変形や残留応力などに注意が必要です.このため設計ノウハウは経験によるところも大きくなります.可能であれば作業現場に足を

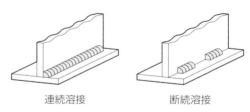

連続溶接と断続溶接

運んでみてください.鋼板を連続溶接する場合,端から順に溶接棒を動かしていくと,鋼板が熱によるひずみで変形して,合わせ部がずれてきてしまいます.

実際の作業では,点付け溶接で突合せ部全体を仮に固定してから連続溶接を行います.強度上問題がなければ,連続溶接を避けて断続溶接や栓溶接もよいでしょう.溶接現場ではさまざまな工夫で作業性と品質の向上を実践しています.

③ **圧　入** ⇨ 穴径に対してわずかに大きい径の軸を,油圧などの圧力で押し込む接合方法です.穴径と軸径の寸法管理が重要で,緩ければ脱出,きつければ破損してしまいます.温度に対する膨張,収縮を見込んで設計すること

もあります．圧入による接合は，電車の車輪と車軸などのように，通常は一体で使用する回転部品などに用います．

④ **リベット** ⇨ 鋲を穴に差し込み，押しつぶして締結するものです．ボルト，ナットでの締結と違い，容易に外すことはできません．頭の形状の違いにより平リベット，皿リベットなどの種類があります．

⑤ **ブラインドリベット**

⇨ 締結作業が片側からしか行うことができない状況でも，構成する部品を互いに締め付けることができます．リベットを差し込んだ裏側には，マンドレルと呼ばれる軸を引き抜く際の変

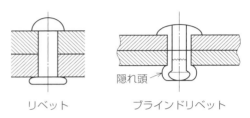

リベットとブラインドリベット

形によって「隠れ頭」が生じ，この隠れ頭によって締結力を保持します．適正な穴が開いていれば，エアリベッタ，ハンドリベッタなどの工具により，1箇所当たり数秒～十数秒程度の短時間で確実な締結が可能です．

　リベットによる締結では，差し込んだリベットの軸をかしめにより固定します．橋梁や鉄道車両の車体構造部など，高い強度と耐久性を求められるところに多く使用されています．また航空機の機体などにも使われています．

　繰返し荷重がかかる部位では，疲労き裂が発生した場合に，リベットのピッチ範囲内で，き裂の伸展を抑える効果も期待できます．設計にあたっては，溶接と違い熱影響を考慮する必要はありませんが，使用点数や間隔によっては強度低下に気をつける必要があります．

　部材を結合する手段を選択する場合，その結合が半永久的なものなのか，分解する必要があるのかで設計判断が変わってきます．これまで述べたように，分離，取外し作業性から考えると，良好な順に，**ねじ（ボルト）→リベット→溶接**となります．リベット結合を外す場合は，かしめた頭をタガネで飛ばすか，ドリルで穴を開ける要領でリベットを除去します．

成　形

① **プレス** ⇨ 鋼板素材を型に挟み込んで成形する方法です．プレス加工はほ

かの成形加工と比較して加工時間が短く，自動車の車体など大量生産品に向きます．

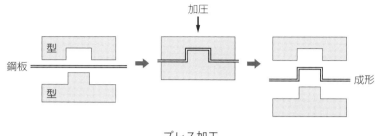

プレス加工

② **鋳　造** ⇨ 溶融した金属材料を鋳型に流し込んで冷却，凝固させる成形です．複雑な形状の製品を量産することができます．近年，多くの方法が実用化されて生産性向上や環境負荷低減に貢献しています．主な方法として，**砂型鋳造法，ダイカスト鋳造法，ロストワックス鋳造法，シェルモールド鋳造法，Vプロセス鋳造法**などがあります．

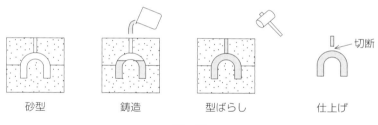

鋳　造

③ **射出成形** ⇨ 主に樹脂素材の成形に用いられる方法です．鋳造が型に流し込む方法であるのに対し，射出成形は高温流動化した樹脂を高圧で金型に注入して成形します．

④ **焼　結** ⇨ 個体粉末を溶融点以下の温度で焼き固める成形方法です．通常は成形後の加工を必要としない形状に造られます．多孔質材によるエアフィルタへの応用，含油合金として給油を要する部材などに使用されます．

⑤ **押出し** ⇨ アルミニウム素材の加工で多用されています．高温で軟化させた素材をダイ穴から押し出して目的の形状を得ます．断面形状が一定の長尺製品成形ができます．

成形加工では目的の形状にするための型が必要になります．型自体の製作には

コストがかかりますので，少量多品種の生産には適していません．設計の際には，コストバランスを把握して工法を選択してください．

除　去

① **切　削** ⇨ 切削工具を用いて材料を切り込み，除去する加工方法です．材料もしくは刃物を回転させて切削する方法や往復運動で直線的に切削する方法があります．**ボール盤**，**旋盤**，**フライス盤**など小型から大型まで多くの工作機械があります．

② **研　削** ⇨ 切削に対して，材料の表面を砥石などによって除去する加工法です．高速回転する砥石車に材料を押し当てて加工します．砥石の粒度によって研削効率や表面粗さが変わってきます．

除去加工には多くの工作機械が用いられ，マシニングセンタ，NC 旋盤など多機能，数値制御化された機械も広く使われてきています．一方で手作業に頼る生産方法もあり，製造現場やサプライヤの品質管理を理解した設計が必要です．

また，除去加工では切りくずの処理が重要です．精密部品，流体部品などでは，わずかな切りくずが製品完成後の故障につながります．あらかじめ，加工後の切りくず除去を図面指示しておくとよいでしょう．

改　質

① **ショットピーニング** ⇨ 金属材料に細かい鋼球（ショット）を高速で衝突させて，表面を改質する加工法です．表面が叩かれることから硬度が増し，さらに圧縮応力が残留するために疲労強度が向上します．

② **溶　射** ⇨ 高温で溶かしたコーティング材料を高速で材料に衝突させることで，表面を改質するものです．溶射材料選択の幅が広く，さまざまな表面改質に応用可能です．

① 製造や保守現場をよく見て，最適な加工方法を選択する．
② 加工の長所，短所を理解して，無駄のない加工方法を選択する．
③ 加工による熱ひずみ，切削の切りくずなども設計段階で考慮する．

1.4 工具・用品

　有能な設計者になるためには，現場を知る，経験することが大切です．そこで現場で使われる工具や用品のなかで，手持ちで使用する代表的なものをまとめました．一般家庭にもある「ドライバ」や「やすり」などもJIS規格をベースに再認識してください．

スパナ・レンチ

① **片口スパナ** ⇨ 六角ボルト，ナットの取付け・取外しに使用する工具で，片側に口をもったスパナです．通常使用される**丸形**と口の深さが深い**やり形**があり，丸形は普通級と強力級の二つの等級があります．スパナの種別の呼びは二面幅の寸法です．口は柄に対して約15度の角度がついています．

② **両口スパナ** ⇨ 両側に違う呼び寸法の口をもったスパナです．片口と同様に丸形とやり形があります．

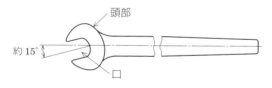

片口スパナ（丸形）

　ボルト，ナットの締結部を設計する際には，使用する工具・空間を想定します．締結作業者に負担がかからないようにするためには，できるだけ広い空間が必要ですが，実際の機械設計で空間を見出すことは容易ではありません．そこで，ボルト頭部などの作業部分を，できるだけ外側に向けて設計するなどの工夫を心掛けてください．そして設計上厳しい場合，最低限の目安として，スパナで締結できる空間は確保するようにしてください．

　ボルト締結作業では，動力工具を用いて締付けを行うことも多くありますが，経験の浅い場合は積極的にスパナを使うことを勧めます．スパナを用いて自分の力で締めることで，ねじ部のガタつき，かじりなどを直接体感することができま

す．また，かじりが発生したとき，普通鋼材とステンレス鋼材とではどのような違いがあるのかも体感することができます．スパナを使うことでボルト，ナットと会話しながら締結できる，この感触を大切にしてください．

③ **モンキレンチ** ⇨ スパナと同様にナットの 2 面を挟んで作業を行いますが，ウォームとラックの構造により下あごが動く構造になっています．これにより口の部分が可変できるため，任意の二面幅のボルト，ナットに対応できます．使用にあたってはトルクをかける向きがあり，逆トルクをかけるとレンチが破損することがあります．

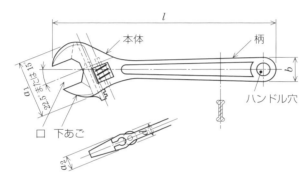

（単位：mm）

呼び	l（約）	a_1（最大）	a_2（最大）	b（最大）	d（最小）
100	110	35	10	16	8
150	160	48	11	21	10
200	210	60	14	26	12
250	260	73	16	31	14
300	310	86	19	36	16
375	385	105	25	44	19

モンキレンチ（JIS B 4604）

ねじ回し

① **ねじ回し** ⇨ 現場では「マイナスドライバ」と呼ばれる工具です．ねじのマイナスの部分を JIS では**すり割り**と呼びます．主に小ねじ，木ねじ，タッピンねじの取付け，取外しに使用します．

② **十字ねじ回し** ⇨ 現場では「プラスドライバ」と呼ばれることが多いも

1章　機械設計の基礎知識

のですが，JIS ではこのように呼びます．本体（軸）の径と長さ，先端形状による分類があり，H 形で 1 ～ 4 番の区分があります．

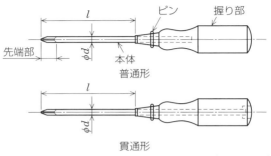

普通形

貫通形

（単位：mm）

種　類	H 形				S 形
呼び番号	1番	2番	3番	4番	－
d^{*1}　基準寸法	5	6	8	9	3 または 4
許容差	+0.4 −0.2				
l^{*2}	75	100	150	200	75

*1　丸形のものは直径，角形のものは二面幅とする．
*2　l の寸法は，用途によって短くすることができる．
備考　本体と握り部との結合には，ピンを用いない適切な方法を用いてもよい

十字ねじ回し（JIS B 4633）

研削工具

① **鉄工やすり** ⇨ 金属材料を手作業で仕上げる際に使用するもので，形状によって平形，半丸形，丸形，角形，三角形に分類されます．また，研削面の目は，原則として複目で荒目，中目，細目，油目の 4 種類があります．

鉄工やすり（平形）

② **組やすり** ⇨ 小さい部品や部分を手作業で仕上げる際に使用するもので，異なった形状のやすりを組み合わせて 1 組としています．5，8，10，12 本組の 4 種類があります．

1.4 工具・用品

切削工具

① **タップ** ⇨ あらかじめ開けておいた下穴にめねじを形成する工具です．回転とねじのリードに合った送りとによって穴にねじ加工します．先タップ，中タップ，上げタップの3本がセットで使用されます．

② **ねじ切りダイス** ⇨ 丸棒におねじを形成するめねじ形の工具です．単にダイスと呼ぶこともあります．

③ **ドリル** ⇨ 金属などの穴あけに使用される工具で，先端が切れ刃をもち，ボディに切りくずを排出するための溝をもっています．一般に使用されるドリルは溝がらせん状で，回転に対してくずを排出しやすい形状です．先端の切れ刃はグラインダなどによって研ぐことができます．

その他の工具・用品

① **ハンマ** ⇨ 材料に衝撃を与えて目的の仕事を得る工具です．衝撃によって塑性変形や部材の打込み，組立てなどに使用するため，用途に応じた形状，材質があります．頭部の材質は金属，樹脂，ゴムなどがあります．

点検ハンマはテストハンマとも呼ばれ，締結部のゆるみや金属材料のき裂などを打音によって判定するためのハンマです．

テストハンマ

頭部が金属のハンマは材料を塑性変形させる場合や，くさびの打込みなどに使用されます．金属ハンマは使用目的に応じた頭部の重さが重要になります．打ち当てたときの衝撃力で材料を塑性変形させますので，工作物の形状，板厚，作業姿勢などを考慮して，効率のよい重さのハンマを選ぶのがポイントです．

② **標準尺** ⇨ 主に低膨張ガラスで作られた尺（ものさし）です．製造現場では寸法計測で多くの尺が使われていますが，標準尺はこれら現場で使われる尺の基準になるものです．したがって，標準尺で直接計測することはあまりありません．

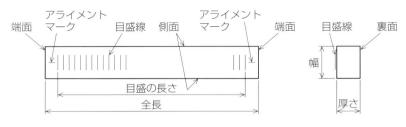

標準尺(JIS B 7541)

③ **直　尺** ⇨ 金属製直尺は目盛端面を基点とするもので，150〜2000 mmまであります．JIS では性能によって 1 級と 2 級に分けられており，長さの許容差，目盛り側面の真直度などの精度に差があります．測定対象に直接当てて目視で計測するので，精度には限度がありますが確実な測定が可能です．

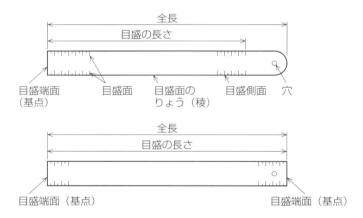

金属製直尺(JIS B 7516)

④ **巻　尺** ⇨ 鋼製巻尺のなかで**コンベックスルール**は，計測に使用するテープ断面が樋状になっており，直立性に優れています．先端のフックは引掛けと突き当てで板厚分が移動する構造のものもあり，正確な測定ができます．

直尺やコンベックスルールは携帯に便利で，簡易に長さを測ることができアッベの原理に則っているため，高い信頼性があります．

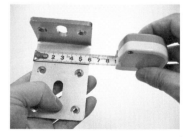

コンベックスルールによる測定

1.4 工具・用品

作業現場では大掛かりな計測装置で高精度に測定できるものも多くありますが，こういった装置は目盛りで直接目視することができないことから，設定を間違えたりすると，「とんでもない」数値が出る可能性があります．しかもそれに気づかない，もしくは気づくのが遅れると，設計製品の手戻りも大きな損失になります．尺などで目盛りを直読することも重要ですので，作業の要所では実践することをお勧めします．

⑤ **ポンチ** ⇨ 金属材料など塑性変形するものに穴あけ加工をする際，ドリルの刃がケガキ位置からずれないように，あらかじめ中心を打刻する工具をセンタポンチといいます．センタポンチにより中心をわずかに凹ませることで，ドリルの刃が逃げる（中心からずれる）ことを防ぎます．脆い材質に打刻すると割れるので注意が必要です．また銅製品など軟らかい材質や，薄い鋼板などでは穴の外形以上に大きく塑性変形してしまいますので，使用には若干の経験，コツが必要です．

センタポンチ

携帯品

機械関係の用品ではありませんが，常に作業服のポケットに携帯していると便利なものを紹介します．

① **かがみ** ⇨ 現場では既存の製品を見ながら設計検討する場面が多くあります．見えにくい場所，部材の裏側などを確認したいときに威力を発揮します．通常のガラス製ですと割れる心配がありますが，磨きステンレス製であればその心配もなく便利です．

② **照　明** ⇨ 小型ライトは，機器の奥などの暗い部分を見るときに役立ちます．日中はつい携帯することを忘れてしまいがちですが，LEDの小型ライトであれば常にポケットに入れておけます．

実務のポイント

① 製造，保全に使用する工具の作業空間を考慮して設計する．
② 作業者が安全に工具を使用できる姿勢を考慮して設計する．
③ 自ら積極的に現場に出て，いろいろな工具で作業を経験する．

1.5 動力工具と工作機械

工場では，主に電力と空気圧，油圧が大きな動力源となっています．このため設備機械もこれらを動力源として動作するものが多く存在します．電力は主としてモータの動力源となり，モータの回転力を減速または往復運動に変換して使用されます．空気圧，油圧はそれぞれ流体の圧力を利用して動力として使われます．

動力工具

① **電気ドリル** ⇨ 可搬式の本体の先にドリルチャックがついている工具で，一般に広く使われており，AC電源で動くタイプが一般的です．

電気ドリルという名称が一般化していますが，ドリルは刃の名称で，機構としてはボール盤と同等の機能です．可搬式ですので手軽に使用できる反面，中心位置がずれやすくセンターポンチなどによる確実な中心の確保，確認が必要です．

② **ドライバドリル** ⇨ 電気ドリルと同様にドリルの刃をチャックに装着して穴あけ工具として使用しますが，ドライバビットを取り付けてねじ回しとしても使用できます．充電式のタイプも多く，回転のトルク制限ができるようにクラッチがついているものもあります．

ドライバドリル

③ **携帯用グラインダ** ⇨ 携帯型の研削工具で，モータの回転軸につながるスピンドルに研削といしがついているタイプや，直交した軸に研削といしがついているタイプなどがあります．

といしには切断用もあり，金属材料，管などの研削，切断に使用できます．

携帯用グラインダ

工作機械

① **旋 盤** ⇨ 除去加工，つまり材料を削って目的の形に仕上げるための代表的な工作機械です．棒状の材料をチャックに取り付けて回転させ，そこにバイトと呼ばれる刃を当てて切削します．材料が回転し，工具が静止した状態で加工する機械で，工具を目的の位置に移動させながら，外丸削り，中ぐり，突切り，正面削り，ねじ切りなどを行います．

旋盤のなかで工具の動きを数値化して制御するものを**数値制御旋盤（NC 旋盤）**，コンピュータ制御するものを**コンピュータ数値制御旋盤（CNC 旋盤）**といいます．

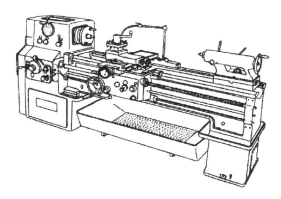

普通旋盤（JIS B 0105）

② **ボール盤** ⇨ ドリルを回転軸に取り付けて材料に穴をあける工作機械です．

旋盤と違い，工具（ドリル）が回転し材料が静止した状態で加工します．穴あけ加工ですので工具は回転軸方向に送られます．旋盤と同様に数値制御するものもあります．

③ **中ぐり盤** ⇨ ドリルや鋳型の穴内面の精度を上げるための機械です．

主軸に取り付けたバイト（中ぐりバイト）が主軸とともに回転し，繰り出された主軸によって中ぐり加工を行います．

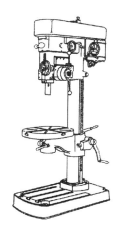

直立ボール盤（JIS B 0105）

④ **フライス盤** ⇨ 材料の平面や溝を削る工作機械です．フライスは主軸とともに回転し，工作物に送り運動を与えます．回転する主軸に対し，切削時に横方向の力がかかるため，高い強度で作られています．

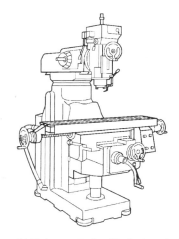

膝形立てフライス盤（JIS B 0105）

⑤ **研削盤** ⇨ 回転するといし車により工作物を研削します．材料の送り方向によりトラバース送り，プランジ送りに分けられます．

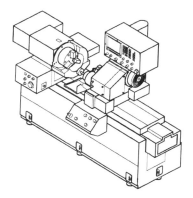

内面研削盤（JIS B 0105）

1.5 動力工具と工作機械

ここで紹介した工作機械は代表例であり，多くの機種が存在しますので，用途に応じた機械の選択が必要です．NCやCNC旋盤によって，ばらつきの少ない，高品質の製品が低コストで生産されるようになりました．

設計の際には，自社だけでなくサプライヤの製造ラインも知っておくとよいでしょう．特に工作機械を更新したときや，製造ラインが変更になったときなどは不適合品が納入されるリスクも高くなりますので，注意が必要です．

産業用ロボット

これまで説明してきた工作機械とは定義上区別されますが，産業用ロボットはプログラムによってマニピュレータが人間の腕や手のように動き，目的の仕事を行います．これらのロボットが対象物をつかんだり，一定の速度で動いたりするためのプログラミングを**ティーチング**と呼びます．ロボットの腕や関節はX，Y，Zの座標を複雑に動くため，ティーチングペンダントという端末を使ってマニピュレータを手動で動かし，動きを確認しながら記憶させていく方法で行います．加工形状の違いなどによってプログラムを使い分けますので，抜取検査などで品質の確認が必要です．

① 可搬式動力工具は，手軽に使えるが加工の精度には限界がある．
② 除去加工は，材料が回転する（旋盤など）か刃物が回転する（フライス盤など）かを理解する．
③ 産業用ロボットはティーチングによって動作を記憶させるので，プログラム変更時は品質に注意する．

1.6 計測知識

計測技術と設計

　ものを測ることは，日常生活で普通に行われています．時間を測る，長さを測る，重さを測る，角度を測る，速度を測るなど，毎日を少し振り返るだけでも私たちはさまざまなものを測り，その数値を利用していることがわかります．

　測定数値には精度がありますが，日常では数値の使用目的によって無意識に精度を決めています．一方，設計者として考えた場合，数値の精度は大きな意味をもちますので，正しい知識が必要です．

　機械設計では 0.1 mm の寸法違いが致命的な場合もあります．このため寸法公差が決められています．しかし実際の部品製作で測定数値が違ってしまえば意味がありません．測定にかかわる言葉とその意味をしっかり理解しましょう．

誤差の定義

> ① **誤　差** ⇨ 測定値から真の値を引いた値（JIS Z 8103）
> ② **真の値** ⇨ ある特定の量の定義と合致する値．特別な場合を除き，観念的な値で，実際には求められない．（JIS Z 8103）

　機械工学の分野では誤差という言葉をよく使いますが，この定義は JIS にあるとおり，観念的な値から出てくるものであり，実際に求めることはできません．

$$誤差＝測定値－真の値$$

　私たちが日ごろ設計で使う数値は基準値であり，そこには許容差があります．規定された最大値と最小値の差を**公差**と呼びます．

　一方，私たちが知ることのできる実際の寸法はすべて測定値です．したがって，尺を当てて直接読み取った数値であっても，マイクロメータで読み取った数値であっても一定の誤差は含んでいます．

　寸法に限らず，測定値の議論になると，最初に提示された数値が基準値になり，以降提示された数値の差が誤差，と勝手に決めつけてしまう場面が多々あります．測定値は誤差を含んでいるものであり，用途に応じた計測で数値を得て，使うように心がけてください．

測定における誤差の要因（JIS Z 8103）

① **まちがい** ⇨ 測定者が気づかずにおかした誤り，またはその結果求められた測定値．

② **個人誤差** ⇨ 測定者固有のくせによって，測定上または調整上生じる誤差．

③ **視　差** ⇨ 読取りにあたって視線の方向によって生じる誤差．

　誤差の概念が理解できたところで，測り方による誤差について考えてみます．計測はかならず人が介在します．自動計測装置であってもそれを設置する作業や装置の管理，保守校正をするのは人です．

　一方で，設計者は図面で仕事をすることが多いので数値のみで判断します．するとどこかで誰かが「とんでもない」間違いをおかしても，気づかずに設計を進めてしまい，後工程や製造段階になって「とんでもない」ことが起こります．

　設計者は可能な限り計測作業や測定値を現認して，把握することが大切です．著者の経験ですが，寸法測定を現場に依頼したときに，依頼された作業者が手持ちのコンベックスルール（鋼製巻尺）で外形寸法を測って数値をもってきました．その数値が想定していた数値より 2 〜 3 mm 大きかったのです．巻尺を見せてもらうと，先端の引っ掛けが曲がっており，大きな誤差を生んでいました．誤差の要因はいろいろなところに潜んでいるものです．

測定工具

　測定工具のなかで，ノギスとマイクロメータは現場でよく使われる計測器ですが，信頼性に関して注意が必要です．マイクロメータはアッベの原理に基づいた計測器ですが，ノギスはそうではありません．

　アッベの原理とは「被測定物と測定器の目盛線とを同一線上に置いたとき，測定の誤差を最も小さくすることができる．」というものです．それぞれの被測定物線と目盛線の位置関係は次の図のようになります．

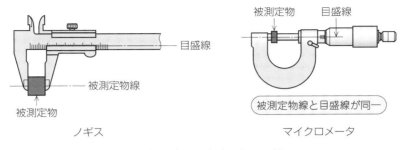

被測定物線と目盛線の位置関係

① **ノギス** ⇨ 外側用および内側用の測定面のあるジョウを一端にもつ本尺を基準に，それらの測定面と平行な測定面のあるジョウをもつスライダが滑り，各測定面間の距離を本尺目盛，およびバーニヤ目盛もしくはダイヤル目盛によって，または電子式ディジタル表示によって読み取ることができる測定器のこと．（JIS B 7507）

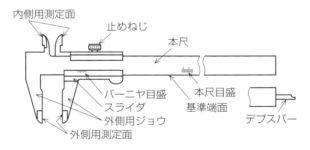

ノギス各部の名称（JIS B 7507）

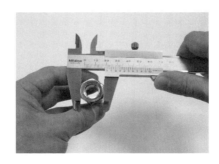

ノギスによる測定

② **マイクロメータ** ⇨ 外側マイクロメータは，半円またはU字形をしたフレームの一方に測定面をもつアンビルを固定し，この測定面に対して垂直な方向に移動するスピンドルに，その固定の測定面に対面する平行な測定面をもち，スピンドルの動き量に対応した目盛をもつスリーブおよびシンブルを備えていて，両測定面間の距離を読み取ることによって外側寸法を測ることができる測定器のこと．なお，ディジタル表示をもつものについては，機械式または電子式のものがある．（JIS B 7502）

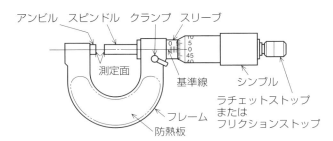

外側マイクロメータ各部の名称

マイクロメータによる測定

① 真の値は実際には求められず，測定値は誤差を含んでいるものとして考えることが，図面での寸法公差の考え方につながる．
② 測定数値に対する「精度」と「信頼性」は区別して考える．
③ 計測器，測定工具は，定期的な校正を行って信頼性を保証すること．

1.7 機械要素

　機械製品は多くの部品で構成されています．これらの部品一つひとつの構成単位を機械要素と呼びます．機械設計を行うときに，小ねじの1本まで自分で設計していては時間とコストがかかってしまいます．機械要素の多くは規格品ですので，設計の際には規格のバリエーションの中から最適なものを選ぶようにすれば，短納期，高品質，低コストで調達が可能になります．

　本節では機械要素の代表として小ねじ，ボルト・ナット，座金，ばね，歯車，軸受について説明します．

小ねじ

　機械においてねじは最も重要な機械要素の一つです．ねじの歴史は機械の歴史そのものであり，16世紀には多くの機械構造物にねじが存在していたようなので，500年以上使われていることになります．今後IT化が進んでも，ハードウェアとして機械製品が存在する限り使い続けられることでしょう．

　ねじの長い歴史のなかでも，初期には規格がなく，製作精度も低かったようです．したがって，おねじに対してめねじには，ねじごとに相性があり，ねじどうしの互換性はありませんでした．現在，機械要素として使われる小ねじは，ほとんどがJISで規格化されており，また多くの種類がありますので，設計の際はよく見極めて最適なねじ部品を選択してください．なお，作業現場ではビス（vis）と称することがあります．ビスはねじのフランス語で，日本ではボルトに対して小ねじのことをビスということが多いようです．ただしJIS規格のなかにビスという用語はありませんので，図面記載するときは注意してください．

① **すりわり付き小ねじ** ⇨ 現場では「マイナス」と呼ばれる頭をもつ小ねじです．JISでは頭部の形状によって**チーズ小ねじ，なべ小ねじ，皿小ねじ，丸皿小ねじ**の4種類が規格化されています．

　チーズとは頭部の側面がテーパ（傾斜）状になっているものをいいます．

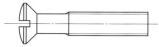

すりわり付き小ねじの例
（丸皿小ねじ）

② **十字穴付き小ねじ** ⇨ 現場では「プラス」と呼ばれる頭をもつ小ねじです．JIS では頭部の形状によって**なべ小ねじ，皿小ねじ，丸皿小ねじ**の 3 種類が規格化されています．

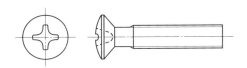

十字穴付き小ねじの例（丸皿小ねじ）

小ねじは一本一本の強度を綿密に計算して使用することはあまりありません．筐体（外箱）の固定ねじでは，構成する板金が波打たない間隔での使用本数，ほかのねじとの共通化による呼び径と長さなど，使用ねじを決める要素が強度に依存することは少なくなります．

小ねじを選択するポイントとして以下の点に注意します．

▍「すりわり」と「十字穴」

ねじの歴史をさかのぼると，すりわりが先に存在しています．これは，すりわりは切込みを切削加工で行うためです．その後，プレス成形技術により十字穴が登場しました．現在では，使い勝手の良さから十字穴が広く普及しています．強度を必要としない一般的な箇所，保全作業で脱着が頻繁に行われる箇所などは，十字穴を選択するとよいでしょう．一方ですりわりは，切込み量が少ないことから強度上は若干有利になります．また床に面した部分など清掃作業性を考慮する場合などは，すりわりを選択すればよいでしょう．

▍「小ねじ」と「皿小ねじ」

この両者は使い方を間違えないようにしてください．皿小ねじの呼び長さは頭部を含めた長さになります．どちらのねじも締めたときに埋め込まれる長さが呼び長さになります．

締結の機能上，小ねじは頭部の座面で押さえますが，皿小ねじは座面がテーパになっています．このため，部材に穴加工する場合は，あらかじめ皿ざぐりが必要になります．注意点を以下に記載します．

① 小ねじは多少の穴のずれであればガタで吸収することも可能だが，皿小ねじは皿ざぐりで位置決めをするため，位置精度が必要になる．

② 図面上はねじ穴，ざぐり，頭部の出代などが一致しているが，実際の加工では精度が低くなりがちである．これは強度部材ではない場合が多いこと，

加工本数が多いこと，手作業が多いことなどによる．

この結果，いざ製品ができあがるとねじが出っ張っていたり斜めに入っていたりすることがありますので，設計時の配慮が必要です．自社の現場実態をよく見て最適な方法を研究してください．

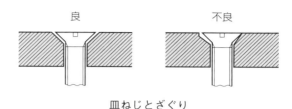

皿ねじとざぐり

ボルト・ナット

一般には，頭部が六角である六角ボルトが使われます．固定，締付けなどのほかに位置決めやすきま調整などの固定にも使用されます．締付け方法によって，通しボルト，押えボルト，頭部がない植込みボルトなどがあります．

① **通しボルト** ⇨ 締結用として多く使用されているボルトで，通常はナットと組み合わせて使用します．平座金，ばね座金とセットで使われますが，特に振動などでゆるみやすい場所には特殊な座金やナットを使用する場合があります．座金は基本的にナット側に入れます．

② **押えボルト** ⇨ 通しボルトのようにナットを使用することが難しい場所に，部材に直接めねじを切って締結します．締結の際，異物などでめねじを破損した場合，増径で対応する必要があります．

③ **植込みボルト** ⇨ 頭部がなく両端にねじが切ってあります．植込み側は部材にねじ込まれて固定されており，ナットで締め付けます．ナット側が先丸になるように使用します．

ボルトは，締め付けるときの軸力が締結力になります．強度を検討する際は軸力とともに，せん断方向の荷重を考慮することを忘れないでください．ボルト穴は製作誤差を考慮して許容寸法を大きめにしています．せん断方向に負荷や衝撃が加わるとわずかなずれが生じます．寸法的に問題になる場合もありますが，気づかずにいると繰返し負荷によってボルトゆるみが発生することがあります．必要があれば，部材にフランジを出したりリーマ穴とリーマボルトで固定したりします．

1.7 機械要素

2枚の板に貫通穴をあけてボルトとナットで締め付ける.

通しボルト

一方の板に貫通穴をあけられない場合めねじを切り, 板を締め付ける.

押えボルト

ボルトはねじ込まれたままで固定され, ナットで部品の取付け・取り外しができる.

植込みボルト

締結方法による分類

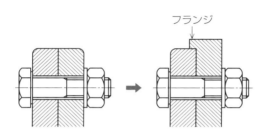

部材のずれを防止する方法（例）

座 金

ボルトや小ねじ，ナットに使用するもので，目的に応じて多くの種類があります．

① **平座金** ⇨ 平板を打ち抜いて，もしくは切削で製造されます．主として締結部材を保護する目的で使用されますが，ボルトの呼び径に対して穴径が大きい場合に，締結力を均等にし，ナットの陥没を防ぐためにも使用されます．

平座金

② **ばね座金** ⇨ ゆるみ防止を目的に，座金にばね作用をもたせています．形状によって**ばね座金，皿ばね座金，歯付き座金，波形ばね座金**などがあります．ばね座金は切り口をねじって開いた形状です．ばね作用による軸力保持と切り口の食込みでゆるみを防止します．もっとも広く使われていますが過信しないように気をつけてください．皿ばね座金，波形座金は，座金のばね作用により面に均等に軸力が作用しますので，ばね座金より高い

ゆるみ止め効果があります．歯付き座金は，細かい歯のばね作用と食込みによってゆるみを防止しますが，座面にきずが付きます．

ばね座金

平座金のように打抜きで製造されたものは表裏でかえり（バリ）の有無があります．かえりを内側にして使用することが一般的ですが，部材を少しでも傷つけたくない場合はかえりを外側に向けることもあります．必要があれば図面指示しておくとよいでしょう．

ばね座金はゆるみ止めが目的ですが，塑性変形によりばね作用が低下すると，効果はなくなります．メンテナンスで脱着する部位などへの使用は注意してください．周期的に交換するか座金を使い捨てにするなどの徹底が必要です．

ばね

ばねはそれ自身がたわむことでエネルギーを蓄積し，与えられたたわみが除かれたときに，蓄積されたエネルギーが戻されるものをいいます．したがって，コイルばねに代表される金属ばねには，たわみを与えられても塑性変形しない鋼材（ばね鋼鋼材）が使用されます．

① **圧縮ばね** ⇨ 軸方向に圧縮荷重が加わったとき，それに抵抗する力を生じるばねで，主に圧縮コイルばねをいいます．
② **引張ばね** ⇨ 軸方向に引張荷重が加わったとき，それに抵抗する力を生じるばねで，主に引張コイルばねをいいます．
③ **ねじりばね** ⇨ 長手方向の軸まわりのねじりモーメントに抵抗する力を生じるばねで，主にねじりコイルばねをいいます．
④ **トーションバー** ⇨ 任意断面の棒状で，長手方向の軸まわりにねじられて使うばねをいいます．
⑤ **流体ばね** ⇨ 流体の弾性を利用するばねで，空気ばねやガスばねなどが

1.7 機械要素

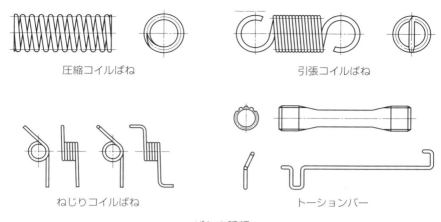

ばねの種類

あります.

ばねを使用する際は，ばねに加わる荷重とそれによって生じるたわみとの関係（ばね特性）を把握することが大切です．ばね特性は，線形特性と非線形特性があります．また，ばねに単位変化量を与えるのに必要な力またはモーメントを**ばね定数**(じょうすう)といいます．

ばねの設計は，与えられる荷重や振動周波数などを考慮して行いますが，一方で，ばねそのものの設計に対して，周囲の形状などの設計がおろそかになるケースがよく発生します．引張コイルばねでは，ばね両端のフック形状の部分が折れることがあります．また，変位量の見積もりが甘く，動かしてみたらぶつかってしまった，ばねが接触してしまった，など，さまざまな現象が起きてしまいます．ばねの選択が完了したからといって安心してはいけません．

歯車

歯車はギヤとも呼ばれる機構で，歯が順次かみ合って運動をほかに伝えるものです．歯車設計は工学要素が大きいので，詳細の設計では専門に取り組む必要がありますが，ここではその基本を学んでいきます．

① **歯車対** ⇨ 相対的位置を固定した軸の周りに回転できる二つの歯車からなり，歯が順次かみあうことによって，その一方の歯車が他方を回転させる機構をいいます．

固定した軸の位置関係で**平行軸歯車対**，**交差軸歯車対**，**食い違い軸歯車対**があります．
② **平行軸歯車対** ⇨ 軸が平行である歯車対をいいます．
③ **交差軸歯車対** ⇨ 軸が交差する歯車対をいいます．
④ **食い違い軸歯車対** ⇨ 軸が食い違っている歯車対をいいます．
⑤ **中心距離** ⇨ 歯車対の軸間の最短距離をいいます．
⑥ **軸　角** ⇨ 歯車対の軸のなす角をいいます．

平行軸歯車対　　　　交差軸歯車対　　　　食い違い軸歯車対
（例：平歯車）　　（例：すぐばかさ歯車）　（例：ハイポイドギヤ）

歯車対の種類

　歯車設計では，軸間の精度に注意してください．歯車には**バックラッシ**と呼ばれる「ガタ」が存在します．バックラッシが大きすぎても小さすぎても問題が起きますので，適正なすきまになるように軸間距離を決めます．また，歯車は潤滑が重要です．潤滑油の管理，交換作業性などにも配慮してください．

軸　受

　軸受は運動している軸の位置決め，支持，案内のための機械要素で，滑りの相対運動をする軸受を**滑り軸受**，転がり運動で機能する軸受を**転がり軸受**といいます．

構造による分類

① **滑り軸受** ⇨ 軸と軸受が面で支持されます．接触面には摩擦が生じるため，これを軽減するために潤滑油により油膜をつくり，摩耗を軽減します．高速性，静寂性に優れています．
② **転がり軸受** ⇨ 外輪，内輪で構成され，内部に転動体と呼ばれるころ，または玉が入っています．

接触角による分類

① **ラジアル軸受** ⇨ 0°以上45°以下の呼び接触角をもち，主としてラジアル荷重を支える軸受をいいます．

② **スラスト軸受** ⇨ 45°を超え90°以下の呼び接触角をもち，主としてアキシアル荷重を支える軸受をいいます．

軸受設計では，軸受中心のずれが故障の原因になる場合があります．軌道面の一部分にフレーキング（表面の剥離）が発生した場合は調整が必要です．設計段階で調整ができるようにしておくか，自動調心軸受の使用を検討することもよいでしょう．

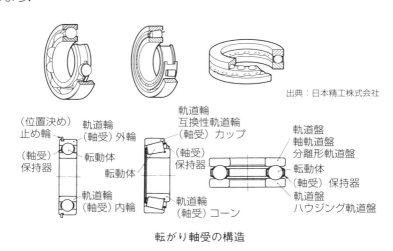

転がり軸受の構造

機械要素はなくてはならない部品ですが，一方でまだまだ技術途上の分野でもあります．規格品だからといって安心せずに，過去の故障実績などから最適な設計を心がけてください．

① 機械要素は，規格品から選択することによって，短納期，低コスト，作業性向上が期待できる．
② ねじ，ボルトは，共通化して種別を減らすことによって，使用工具が削減，統一できる．
③ 規格品の機械要素は，故障事例，不具合情報を共有しやすいため，信頼性，保全性を向上させることができる．

Note

2 章

機械図面の読み方・描き方

2.1 図面の役割

図面の使い道

　ものづくりには必ずしも図面が必要とは限りません．小さなものであれば製作者に「このぐらい」「こんな感じのものを」などと，会話や身振り手振りで依頼します．相手も会話のなかから形状を想像して目的のものを造ります．仲間内程度であればそれで構いませんが，複雑な製品，大量生産など製造に多くの人が関わる今日では，一定のルールに基づいた**図面**が必要になります．

　製品には下図に示すとおり，**ライフサイクル**という概念があります．ライフサイクルとは製品企画から構想，設計，生産，使用，保全，廃棄（リサイクル）までの製品の一生をいいます．では，ライフサイクルのなかのどのような場面で図面が必要なのかみていきましょう．

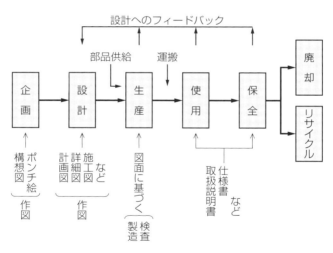

ライフサイクルのなかの図面

構想設計と図面

　ものづくりの企画が始まると，まず構想設計に着手します．この段階では自由に発想しますので，設計者だけではなく企画担当者や広報担当者など，社内の各部門が自由に構想図や絵を描いてきます．手描き（いわゆるポンチ絵）の場合も

ありますし，CADで描かれる場合もあります．こういったときに，多くの意見を取り入れた製品にするのか，もしくは一部の機能にとことんこだわるのかといったマネジメントも設計者の役割だと認識してください．常に全体のバランスをよくみて，部門間の調整を行うことが必要です．

基本設計と図面

基本設計が始まると，設計部門で図面に基づいた議論が始まります．ここでは図面から製品の全体を把握し，周囲環境や関連法規との適合を詰めていきます．検討のポイントを事前に押さえておき，照合していくことで確実な確認ができます．製作にあたって注意する点や，過去の不適合品対策などがあれば図面化しておくとよいでしょう．

詳細設計と図面

詳細設計では製造に向けた検討に入ります．必要に応じてサプライヤ企業にも参加してもらうことになります．検討項目は機能，安全性，法規や基準との適合性，意匠，コスト，部品納期など多岐に渡りますので，図面を正確に理解できることが前提になります．検討ではコスト，性能，信頼性などが話題になりますので，それぞれの評価手法を知っておくことも大切です．

製造と図面

　製造に入ると現場から多くの注文が出ます．設計者は実態と図面をよく照査し，設計不備はすぐに修正します．なるべくこまめに現場へ足を運んでください．手戻りがあった場合でも，早く対処すれば損失は少なくなりますが，遅れれば遅れるほど取返しがつかなくなります．

　また，なるべく現場の作業者と雑談してください．現場の作業者は図面から多くの情報を読み取って製造していますので，いろいろなノウハウを持っています．ちょっとした会話から設計のヒントが見えてきます．

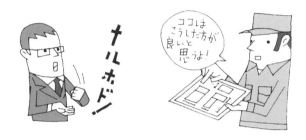

品質管理と図面

　製造が終わると製品検査に入ります．完成品の規模によって状況は変わってきますが，大規模な製品や少量多品種製品は，設計内容や図面，仕様などから**検査基準**が作成され，一つひとつに検査が実施されます．大切なチェックポイントが漏れないように，品質管理担当と事前協議を行い，検査項目を決めるようにしてください．図面記載寸法の誤記によって検査基準が誤って設定されてしまう事例もあります．

　検査のあと，出荷の際の物流にも配慮してください．梱包，輸送時は製品の突起物などは支障になります．設計段階から少し意識しておくとよいでしょう．破損が起きたとき，責任は物流作業者になりますが，設計者としてできることはなかったのか，いろいろな場面で自問自答が必要です．

保全と図面

製品は使用者や保全担当者の手によって保全活動が行われます．**保全**とは製品を使用・運用可能な状態に維持し，故障，欠点などを回復することをいいます．保全実施にあたっては取扱説明書などに記載されている**保全基準**によって行われる場合がほとんどであり，この基準作成の際に図面が活用されます．

作成の段階で注意することは，図面の**改訂履歴管理**です．保全段階の図面は最終出図されたものであり，これに基づいて保全を行いますが，製品には寿命特性曲線という概念から，初期には故障率が高くなる傾向があり，故障が発生すると図面が改訂されることがあります．したがって，常に最新の図面で作業ができるように設計部門と保全部門が連携して情報を共有し，さらに確認会話を行うことを心がけてください．

技能伝承と図面

図面は情報伝達の手段ですので，図面から設計者の意図を読み取って製品に反映しなければなりません．一方設計者にすれば，図面は決められた約束事に従って描くことが前提ですが，図面が手元を離れどのように使われるかを知ったうえで図面化することが必要です．

また，設計者が経験から得たノウハウは組織で共有することが大切です．このためには個人技能を共有し，伝えていく必要があります．製品の不具合やクレームなどは積極的に情報を集め，集約し，組織で共有するように努めてください．

① 製品のライフサイクルのあらゆる場面で図面は活用されている．
② 製造現場の作業者は，図面から多くの情報を読み取っている．
③ 図面の履歴管理を怠らず，常に最新の図面を出図できるようにしておく．

2.2 図面の様式

図面の用紙

近年,図面のほとんどが電子データ化されており,閲覧も携帯用端末から手軽に行えるようになりました.工場などの現場や出先で図面を閲覧するような場面では非常に便利になってきており,今後こういった流れはいっそう強くなっていくものと思われます.

その一方で紙図面もまだまだ必要です.設計会議などのように大勢で共有する場合には紙図面が使用されます.電子データ+端末での閲覧,出力紙での閲覧,それぞれ必要に応じて効率よく使い分けてください.

用紙は必要とする明りょうさ,細かさを保つことができる最小の用紙を用いるのが良いとされています.JIS では,右表(上)に示すとおり第1優先サイズを規定しています.これは JIS P 0138 紙加工仕上り寸法の A 列に準拠します.

このほかに特別延長サイズ,例外延長サイズが JIS で規格化されていますが,これらのサイズはそれぞれの基礎である A 列の判の短辺を整数倍した長さに延長して長辺とすることで得られます(右表(下)).

用紙のサイズ(第1優先)
(JIS Z 8311)

呼び方	寸法 $a \times b$
A0	841×1 189
A1	594×841
A2	420×594
A3	297×420
A4	210×297

単位 mm

用紙のサイズ(第2優先)
(JIS Z 8311)

呼び方	寸法 $a \times b$
A3×3	420×891
A3×4	420×1 189
A4×3	297×630
A4×4	297×841
A4×5	297×1 051

単位 mm

表題欄

図面は,長辺を横方向にしたものを **X 形用紙**,長辺を縦方向にしたものを **Y 形用紙** と呼びます.表題欄の位置は,表題欄の図面を特定する事項(図面番号,図名,作成元など)を記入する部分が,X 形用紙,Y 形用紙いずれにおいても,図を描く領域内の **右下隅** にくるようにします.

表題欄を見る向きは通常,図面の向きに一致するようにします.ただし,印刷

された製図用紙では，用紙の節約のために X 形用紙を縦に，Y 形用紙を横に用いでもよいことになっています．この場合には，表題欄の図面を特定する事項の部分は図面の右上隅となり，表題欄を**右側から見て読める向き**になります．

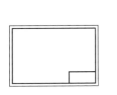 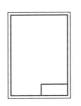 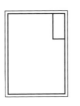 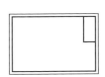

長辺を横方向にした X 形用紙　　長辺を縦方向にした Y 形用紙　　長辺を縦方向にした X 形用紙　　長辺を横方向にした Y 形用紙

表題欄の位置（JIS Z 8311）

　表題欄の図面を特定する事項の部分は，その部分を正常な向きから見たときに表題欄の右下にあり，かつ，その長さが 170 mm 以下でなければなりません．
　表題欄に記載する内容は所属企業や組織によってさまざまですが，主に以下の項目が挙げられます．

---
① 表題 ⇨ 製作する部品，装置の名称など（図面検索のキーワードになる）
② 図面番号 ⇨ 通し番号など（これがわかれば検索の際，特定しやすい）
③ 投影法 ⇨ 第三角法など
④ 図面作成年月日
⑤ 作者氏名
⑥ 企業名
⑦ 検印欄　など

輪郭および輪郭線

　用紙の縁と作図領域を限定する枠との間を輪郭と呼びます．輪郭はすべてのサイズの図面に設けなければなりません．輪郭の幅は A0 および A1 サイズで最小 20 mm，A2, A3, A4 サイズで最小 10 mm とします．
　輪郭線は図を描く領域を限定するための線で，最小 0.5 mm の太さの実線を用います．

2章 機械図面の読み方・描き方

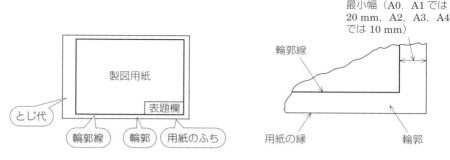

輪郭と輪郭線

図面をファイリングするために必要な穴をあける場合は，輪郭の幅を**とじ代**として広くすることができます．とじ代は図面の表題欄からもっとも離れた左の端とし，最小幅は輪郭を含め 20 mm とします．

中心マーク

図面には 4 個の中心マークを設ける必要があります．これは図面の複写などの位置決めを行う際に便利なもので，用紙の **4 辺の各中央**に設けなければなりません．中心マークは，用紙の端から輪郭線の内側約 5 mm まで垂直な直線を引いて表します．中心マークの線の太さは最小 0.5 mm とします．

中心マークは主に図面の複写の際に使うものです．近年 CAD（computer aided design：コンピュータ支援設計）での作図が増え，図面のファイルの電子化も普及してきましたが，前の世代では図面をマイクロフィルムで保管することが主流でした．中心マークはこの時代の名残のようですが，現在でも出力された

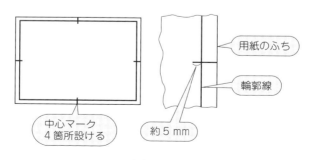

中心マーク

紙図面を管理，複写することもありますので，忘れずに記載するようにしてください．

方向マーク

製図用紙の向きを示すための方向マークは，製図用紙の長辺側1個，短辺側1個をそれぞれ中心マークに一致させて，輪郭線を横切って置きます．下図に示すとおりの三角形とし，方向マークの一つが常に製図者を指すようにします．

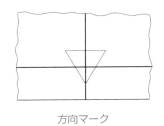
方向マーク

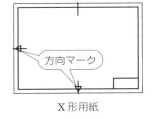
X形用紙

方向マークと記入例（JIS Z 8311）

比較目盛

図面上には複写，拡大，縮小などの取扱いのための比較目盛を付けます．比較目盛は長さが最小100 mm で **10 mm 間隔**に目盛を引きます．寸法を測るものではないので目盛に数値は付けません．

比較目盛の記載は図面の輪郭内で輪郭線に近く，なるべく中心マークに対象に配置します．幅は最大5 mm とし，目盛の線は太さが最小 0.5 mm の直線とします．図面が分割して複写されることが想定される場合は，分割される各図面に比較目盛を配置します．

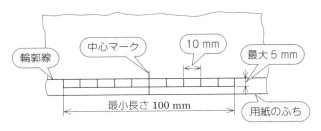

比較目盛

図面の格子参照方式

図面の輪郭部分に，格子状の区切り線が描かれていることがあります．各々には数字，ラテン文字が並べられており，この区切りを使って図面上の位置を容易に特定することができます．これを格子参照方式と呼んでいます．

格子の分割は**偶数**とし，1区画分の長さは図面の複雑さによって 25 ～ 75 mm とします．文字は用紙の一つの辺に沿ってラテン文字の大文字，ほかの辺に沿って数字を用い，記入は表題欄の反対側の隅から始まるようにします．また，対辺にも同じ文字を記入します．

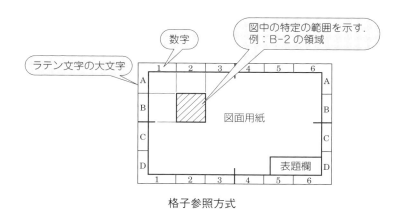

格子参照方式

裁断マーク

複写図の裁断の際に便利なように裁断マークがありますので，必要があれば記載します．裁断マークは用紙の **4 隅の輪郭内**に付けます．裁断マークは 2 辺の長さが約 10 mm の直角二等辺三角形か太さ 2 mm の 2 本の短い直線とします．

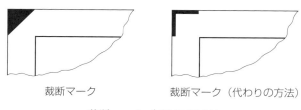

裁断マーク （JIS Z 8311）

2.2 図面の様式

部品欄

部品欄は図面に示す対象物や構成する部品の細目（名称，材料，数量など）を記入するために，図面の一部に設ける表です．図面の**右上の隅**か**表題欄の上**に続けて設けます．

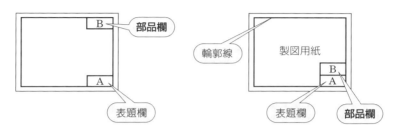

部品欄の位置

尺　度

機械製図における尺度とは，対象物の実際の長さ寸法に対する，原図に示した**対象物の長さ寸法の比**をいいます．ただし複写図については原図の尺度と異なることがありますので，注意が必要です．

尺度は 1：1 が現尺，これより大きい尺度を**倍尺**，小さい尺度を**縮尺**と呼び，表し方は以下のとおりです（「尺度」の文字は省いてもよい）．

① **現尺の場合** ⇨ 尺度　1：1
② **倍尺の場合** ⇨ 尺度　○：1
③ **縮尺の場合** ⇨ 尺度　1：○

尺度の記載は図面の表題欄とします．また，1枚の図面にいくつかの尺度を用いる場合は，その図面の主となる尺度だけを表題欄に記載し，そのほかの尺度は関係する部品の照合番号または詳細を示した図の照合文字の近くに示します．

機械製図では JIS に推奨尺度が規定されています．基本的にはこの推奨尺度を使用し，推奨範囲を上下に超える場合は，推奨尺度に 10 の整数乗を乗じて得られる尺度にします．

尺度は描かれる対象物の複雑さ，表現する目的に合うように選んでください．また，小さい対象物を大きい尺度で描いた場合には，参考として簡略化した現尺

推奨尺度 (JIS Z 8314)

類別	推奨尺度		
倍尺	50:1 5:1	20:1 2:1	10:1
現尺	1:1		
縮尺	1:2 1:20 1:200 1:2 000	1:5 1:50 1:500 1:5 000	1:10 1:100 1:1 000 1:10 000

の図を描き加えるとよいでしょう.

図面の折り方

図面の折り方について規定はありませんが,3種類の折り方があります.紙図面のファイリングを効率よく行い,常に整理された図面管理を維持するためにも,統一した折り方を意識してください.

① **基本折り** ⇨ 複写図を一般的に折りたたむ方法で,その**大きさはA4**とします.
② **ファイル折り** ⇨ 複写図を,とじ代を設けて折りたたむ方法で,その**大きさはA4**とします.
③ **図面袋折り** ⇨ 複写図を,主にとじ穴のあるA4の袋の大きさに入るように折りたたむ方法で,その大きさはA4とし,**幅はA4の−40 mm**とします.

(単位:mm)

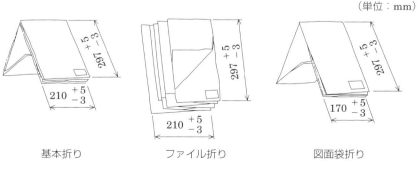

基本折り　　　ファイル折り　　　図面袋折り

図面の折り方 (JIS Z 8311)

2.2 図面の様式

　図面の表題欄は，すべての折り方について**最上面の右下**に位置して読めるようにします．また，原図は基本的には折りたたまず，平面で管理するか，巻いて保管します．

① 図面番号や表題を整理しておくことで，効率の良い図面検索ができる．
② 格子参照方式は，設計会議などで図面上の特定の位置を共有するときに活用できる．
③ 図面は，正しく折って整理しておくことで，長期間活用できる．

2.3 線と文字

線の種類と用途

　機械製図では線を用いることで，製造する製品のさまざまな情報を伝達します．線は大きな意味をもち，線の引き方ひとつで製品の形状や特性などが大きく変わっていきます．したがって，私たち設計者は線にこだわり，線を大切にし，一本の線に生命を吹き込む気持ちで作図していきたいものです．

　線は用途に応じて次表のように用います．**細線，太線，極太線**の線の太さの比率は 1：2：4 となります．

線の種類および用途（JIS B 0001）

用途による名称	線の種類 [3]		線の用途
外形線	太い実線	───────	対象物の見える部分の形状を表すのに用いる．
寸法線	細い実線	───────	寸法記入に用いる．
寸法補助線			寸法を記入するために図形から引き出すのに用いる．
引出線			記述・記号などを示すために引き出すのに用いる．
回転断面線			図形内にその部分の切り口を 90°回転して表すのに用いる．
中心線			図形に中心線を簡略化して表すのに用いる．
水準面線 [1]			水面，波面などの位置を表すのに用いる．
かくれ線	細い破線または太い破線	─ ─ ─ ─ ─	対象物の見えない部分の形状を表すのに用いる．
ミシン目線	跳び破線	─ ─ ─ ─ ─	布，皮，シート材の縫い目を表すのに用いる．
連結線	点線	....	制御機器の内部リンク，開閉機器の連動動作などを表すのに用いる．
中心線	細い一点鎖線	─ ─ ─ ─	a) 図形の中心を表すのに用いる． b) 中心が移動する中心軌跡を表すのに用いる．

線の種類および用途（JIS B 0001）（つづき）

用途による名称	線の種類 [3]		線の用途
基準線	細い一点鎖線	—‒—‒—‒—	特に位置決定のよりどころであることを明示するのに用いる．
ピッチ線			繰返し図形のピッチをとる基準を表すのに用いる．
特殊指定線	太い一点鎖線	━‒━‒━‒━	特殊な加工を施す部分など特別な要求事項を適用すべき範囲を表すのに用いる．
想像線 [2]	細い二点鎖線	—‥—‥—‥—	a）隣接部分を参考に表すのに用いる． b）工具，ジグなどの位置を参考に示すのに用いる． c）可動部分を，移動中の特定の位置または移動の限界の位置で表すのに用いる． d）加工前または加工後の形状を表すのに用いる． e）繰返しを示すのに用いる． f）図示された断面の手前にある部分を表すのに用いる．
重心線			断面の重心を連ねた線を表すのに用いる．
光軸線			レンズを通過する光軸を示す線を表すのに用いる．
パイプライン，配線，囲い込み線	一点短鎖線	—·—·—·—	水，油，蒸気，上・下水道などの配管経路を表すのに用いる．
	二点短鎖線	—··—··—	
	三点短鎖線	—···—···—	
	一点長鎖線	——·——·——	水，油，蒸気，電源部，増幅部などを区別するのに，線で囲い込んで，ある機能を示すのに用いる．
	二点長鎖線	——··——··——	
	三点長鎖線	——···——···——	
	一点二短鎖線	—··—··—	
	二点二短鎖線	—····—····—	水，油，蒸気などの配管経路を表すのに用いる．
	三点二短鎖線	—······—······—	
破断線	不規則な波形の細い実線またはジグザグ線	〜〜〜〜〜 / ─/\─/\─	対象物の一部を破った境界，または一部を取り去った境界を表すのに用いる．
切断線	細い一点鎖線で，端部および方向の変わる部分を太くした線 [4]	┐_┌	断面図を描く場合，その断面位置を対応する図に表すのに用いる．

2章 機械図面の読み方・描き方

線の種類および用途（JIS B 0001）（つづき）

用途による名称	線の種類[3]		線の用途
ハッチング	細い実線で，規則的に並べたもの	/////	図形の限定された特定の部分を他の部分と区別するのに用いる．例えば，断面図の切り口を示す．
特殊な用途の線	細い実線	———	a) 外形線およびかくれ線の延長を表すのに用いる． b) 平面であることをX字状の2本の線で示すのに用いる． c) 位置を明示または説明するのに用いる．
	極太の実線	━━━	圧延鋼板，ガラスなど薄肉部の単線図示を明示するのに用いる．

(1) JIS Z 8316 には，規定されていない．
(2) 想像線は，投影法上では図形に現れないが，便宜上必要な形状を示すのに用いる．また，機能上・加工上の理解を助けるために，図形を補助的に示すためにも用いる．
(3) その他の線の種類は，JIS Z 8312 または JIS Z 8321 によるのがよい．
(4) 他の用途と混用のおそれがないときは，端部および方向の変わる部分を太い線にする必要はない．

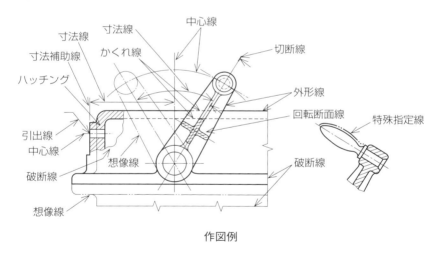

作図例

線の優先順位

　図面のなかで2種類以上の線が同じ場所に重なる場合，たとえば外形線と同じ位置にかくれ線がくる場合や，中心線と同じ位置に寸法補助線がくる場合などがあります．このようなときに優先する線の種類が規定されています．

線の優先順位

① 外形線
② かくれ線
③ 切断線
④ 中心線
⑤ 重心線
⑥ 寸法補助線

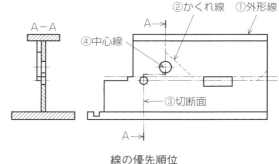

線の優先順位

図面作成時の線の種別はこれまで解説してきたとおりですが，実際の設計作業では，社内外での企画検討，打合せなどの場面があります．普段 CAD で図面を作成している皆さんでも，このような打合せの場面ではフリーハンドで素早く作図ができなければなりません．フリーハンドできれいな図面が描けるように日ごろから練習しておくとよいでしょう．

事例　鋼板に穴あけ加工する

鋼板に穴を追加加工することになりました．現物を目の前にして検討しています．顧客の要求は板の左右中央，下から 20 mm の位置に直径 10 mm の穴が欲しい，というものです．どのような絵になるでしょうか．

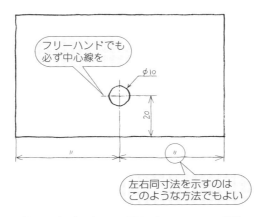

簡易に相手に伝わる図面（フリーハンド図）

作図のポイント

① 穴を描く場合は必ず中心線を決め，その寸法に基づいて作図します．
② 左右中央といった要求であれば，無理に寸法を入れるのではなく，簡略した記載でも構いません．
③ 顧客から「だいたいこの辺りで」というような曖昧な話をもらっても，設計者は必ず位置関係がわかる図面指示にします．
④ 基準となる面を明確にして寸法を入れていきます．

図面の文字

機械図面に記入する文字には種類，大きさ，書体などが規定されています．図面に書かれる文字が読みやすく整然としていると，誤読が減少し，製造品質が上がります．手描きでの作図機会が少ない時代ですが，美しい文字，文章を心がけてください．

図面に用いる漢字は常用漢字によりますが，見やすさの観点から，**16画以上の漢字はできる限り仮名書き**としてください．仮名は平仮名もしくは片仮名とし，外来語などを除き混用は避けます．ラテン文字，数字，記号の書体はA形書体またはB形書体いずれかの直立体または斜体を用い，混用は避けます．ただし**量記号は斜体，単位記号は直立体**とします．

・混用が可能 ⇨（外来語）ボタン　ポンプ
　　　　　　　（注意表記）塗装のダレ　コトコト音

文字高さは文字の外側輪郭が収まる基準枠の高さ h の呼びによって表します．高さの標準値は以下のとおりとします．文字は直立体でも，右へ 15° 傾けた斜体でも構いません．

・漢字 ⇨ 3.5　5　7　10　14　20 mm
・仮名 ⇨ 2.5　3.5　5　7　10　14　20 mm

2.3 線と文字

A形書体 ($d = h/14$)

区分		比率	寸法						
文字の高さ									
大文字の高さ	h	$(14/14)h$	2.5	3.5	5	7	10	14	20
小文字の高さ	c	$(10/14)h$	—	2.5	3.5	5	7	10	14
（柄部又は尾部を除く）									
文字間のすき間	a	$(2/14)h$	0.35	0.5	0.7	1	1.4	2	2.8
ベースラインの最小ピッチ	b	$(20/14)h$	3.5	5	7	10	14	20	28
単語間の最小すき間	e	$(6/14)h$	1.05	1.5	2.1	3	4.2	6	8.4
文字の線の太さ	d	$(1/14)h$	0.18	0.25	0.35	0.5	0.7	1	1.4

単位 mm

B形書体 ($d = h/10$)

区分		比率	寸法						
文字の高さ									
大文字の高さ	h	$(10/10)h$	2.5	3.5	5	7	10	14	20
小文字の高さ	c	$(7/10)h$	—	2.5	3.5	5	7	10	14
（柄部又は尾部を除く）									
文字間のすき間	a	$(2/10)h$	0.5	0.7	1	1.4	2	2.8	4
ベースラインの最小ピッチ	b	$(14/10)h$	3.5	5	7	10	14	20	28
単語間の最小すき間	e	$(6/10)h$	1.5	2.1	3	4.2	6	8.4	12
文字の線の太さ	d	$(1/10)h$	0.25	0.35	0.5	0.7	1	1.4	2

単位 mm

備考　例えば，LA および TV のような 2 文字間のすき間 a は，見栄えがよくなるならば，半分に縮小してもよい．この場合には，a は線の太さ d に等しくする．

ABCDEFGHIJKLMNOP
QRSTUVWXYZ
aabcdefghijklmnopq
rstuvwxyz
[[(!?.;"-=+×∴√%&)]]ø
0123456789 IVX

A 形斜体文字の書体

ABCDEFGHIJKLMNOP
QRSTUVWXYZ
aabcdefghijklmnopq
rstuvwxyz
[[(!?.;"-=+×∴√%&)]]ø
0123456789 IVX

A 形直立体文字の書体

ABCDEFGHIJKLMNOP
QRSTUVWXYZ
aabcdefghijklmnopq
rstuvwxyz
[[(!?.;"-=+×∴√%&)]]ø
0123456789 IVX

B 形斜体文字の書体

ABCDEFGHIJKLMNOP
QRSTUVWXYZ
aabcdefghijklmnopq
rstuvwxyz
[[(!?.;"-=+×∴√%&)]]ø
0123456789 IVX

B 形直立体文字の書体

ラテン文字，数字，記号の書体

1) 文字の線の太さ d は,大きさの呼び h に対して,漢字 1/14,仮名 1/10 とする.
2) 文字間のすき間 a は,文字の線の太さの 2 倍以上とする.
3) ベースラインの最小ピッチ b は,用いる文字の最大の呼びの 14/10 とする.

断面詳細矢視側図計画組
アイウエオカキクケ
あいうえおかきくけ

漢字,仮名の例

① 図面に描かれる線は,一つひとつが大きな意味をもち,製品の形状になっていくことを心に留めておく.
② 会議や打合せなどの場面で簡単な図を描くときでも,基本に忠実な図形が素早く描けるように日頃から練習しておく.
③ 文字,数字は美しさだけではなく,太さ,角度,すき間にも配慮して記入する.

2.4 投 影 法

投影法とは

機械製図は決められた投影法で作図されています．機械製品は立体形状であり，三次元の物体ですが，これを紙の上や画面上の二次元で表す方法が投影法です．対象となる物体をわかりやすく表現するために，投影法には多くの種類があります．

通常の図面では**正投影**が多く使われていますが，近年では三次元 CAD の普及で，立体的な図面も容易に描け，動かせるようになり，正投影の補足として使えるようになってきました．

投影法の分類は JIS にて細分化されています．主な分類を以下に示します．

投影法の主な分類

透視投影と平行投影

私たちが通常，物を見るときの視点は 1 箇所です．この 1 点（投影中心）から任意の距離をおいた物体の各点を見たときに，その間にある面の投影を**透視投影**といい，この方法で描かれた図を透視投影図といいます．

透視投影の視点，つまり投影中心を対象物から遠ざけていくと，投影線は平行に近づいていきま

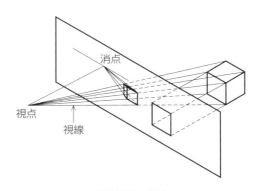

透視投影の概念

す．投影中心を無限遠に置いたときにすべての投影線は平行になります．これを**平行投影**といい，立体をそのままの寸法で描くことができます．

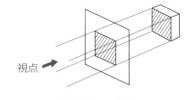

平行投影の概念

正投影図

設計対象物はさまざまな形状をしていますので，これを図面化する場合は，読み手にわかりやすく描かなければいけません．具体的には加工，組立て，販売，サービス，保守などの各分野の担当者が明りょうに理解できるようにすることが大切です．機械図面は電気回路図面などと違い，対象物の形状がほぼそのまま描かれますので，直感的に読めるようにすることも重要です．

正投影図は**平行投影**で描きます．三次元の対象物を二次元の図面に描き表す方法で，現在でも広く一般的に使われている手法です．

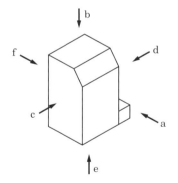

観察方向	
視線名称	視線方向
a	前方
b	上
c	左
d	右
e	下
f	後方

視線の方向

上図に示すとおり，対象物の形状を完全に図示する場合は，a～fの6方向から見た投影図が必要になります．通常の作図の際は，投影対象物の最も明りょうに理解できる部分を**主投影図**として選びます．図ではaの方向からみた形となり，一般的には製作や設置の位置から見て判断します．また，6方向の投影をすべて描く必要はありません．主投影図以外の図面を描く場合は，不明りょうな部分がない必要最低限に図形，切断，切り口の数を決めます．

2.4 投影法

投影方法

製図で使われる投影方法として，空間を下図で示すように四つの平面で区切り，分割されたそれぞれの空間（象限）を**第一角，第二角，第三角，第四角**と呼びます．

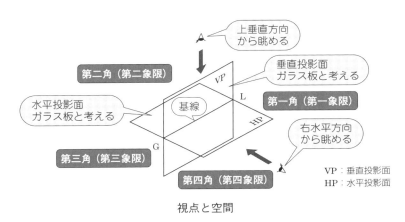

視点と空間

次にそれぞれの空間の対象物を次ページのとおり，区切った平面に投影し作図します．このとき，水平方向は右側，垂直方向は上側から対象物を眺めたときに見える面を投影し，作図します．

作図された四つの平面は，垂直面を反時計回りに 90°回転させて平面状にします．こうすると，第二角と第四角は投影図が重なってしまい，図面として見ることができなくなります．したがって，投影図として使用できるのは**第一角**と**第三角**であることがわかります．そしてそれぞれの投影方法の製図を第一角法，第三角法と呼びます．

JIS の機械製図では**第三角法**によって投影図を描くことが規定されており，第三角法で描くとわかりにくい場合などに第一角法を用いることができます．

第三角法

第三角法は JIS Z 8315 - 2 で次ページ下の のとおり定義されています．

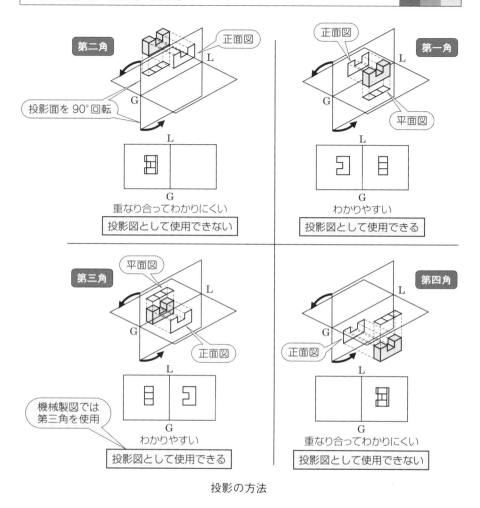

投影の方法

> **第三角法**は，対象物を観察者と座標面の間に置き，対象物を正投影したときの図形を対象物の手前の座標面に示す方法である．それぞれの座標面上にできる対象物の像は，無限の距離から対象物を透明な投影面に正投影したときの形と同じになる．
>
> 主投影図（正面図）に関連するその他の図の位置は，次ページの主投影図（正面図）Aを含む座標面（製図面）のりょう（稜）またはこれに平行な他のりょうを軸にして，各投影面を回転させることによって決まる．

2.4 投影法

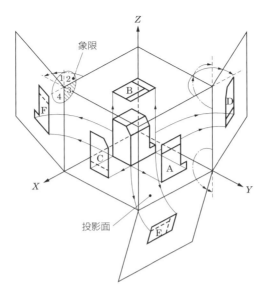

第三角法の投影

機械製図では,図面上に対象物の形状を表す場合,**必要最低限の投影図**を用います.重複した投影図などは生産,加工現場で誤解を与える場合もあります.作図する際は,主投影図 A に対してその他の投影図を下図のように配置します.

- 図 B ⇨ 上方から見た図形は A の上に置く.
- 図 E ⇨ 下方から見た図形は A の下に置く.
- 図 C ⇨ 左方から見た図形は A の左側に置く.
- 図 D ⇨ 右方から見た図形は A の右側に置く.
- 図 F ⇨ 後方から見た図形は,状況によって A の左側または右側に置く.

第三角法であることを示す図記号は右図のとおりです.

第三角法の図面では,表題欄かその近くにこの図記号を示してください.

第三角法での投影図の配置

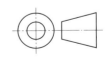

第三角法を示す記号

立体図

等角投影

製造,加工現場では,一般的に第三角法で対象物を二次元の平面に描き表した図面を多用しますが,組立て手順,取扱説明書などでは対象物を立体的に表現する図面が必要になります.対象物を立体的に描く方法として,**等角投影**,**二等角投影**,**斜投影**などがあります.

等角投影の基本となる座標軸 X,Y,Z の 3 本は互いになす角が等しく,座標軸の長さは実長の 0.816 倍の縮み率になります.実際の作図では縮み率を 1.0 で描く場合もありますが,これは製図作業者が判断します.

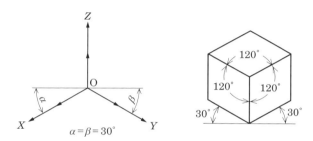

等角投影による作図

このように X,Y,Z が 120°の等角で描かれた図面は**アイソメトリック図**(アイソメ図)とも呼ばれています.

また,縮み率である 0.816 での作図にはアイソメトリックスケールという定規を使うと素早く作図することができます.

二等角投影

これまで解説してきた等角投影は X,Y,Z の座標軸が互いに 120°の投影で描かれていましたが,3 本の座標軸のうち 2 本の軸のなす角が等しくなる投影を二等角投影といいます.

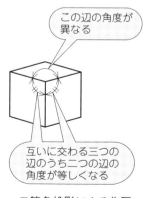

二等角投影による作図

不等角投影

不等角投影は X,Y,Z の座標軸がそれぞれ異なった角度で交わります．

二等角投影，不等角投影は特定の面を見せたい場合や等角投影図では見にくい場合などに用いられます．

不等角投影による作図

斜投影

斜投影は立体を簡単にわかりやすく作図，表現できるため，広く使われている投影法です．斜投影は投影面に立体の正面を密着，投影し，その投影面上に斜めから光線を当てる（斜投影）ことで対象物を立体的に表現する投影法です．

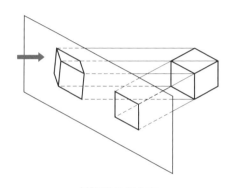

斜投影の考え方

カバリエ図

斜投影では対象物の投影面が座標面の一つと平行になり，なおかつ第三の軸方向の投影により立体的に描かれます．第三の軸方向，すなわち**奥行方向も同じ尺度**で描かれたものをカバリエ図といいます．

カバリエ図はすべて実長で描きますので図面内の尺度は同じになります．しかし，見た目の感覚は違和感がありますので，カタログや取扱説明書などにはあまり使用されません．

キャビネット図

カバリエ図で違和感のある奥行方向の投影尺度を，慣習上 1/2 とした斜投影をキャビネット図といいます．通常はこの方法が多く使われます．

カバリエ図　　　　　　　キャビネット図

透視投影

工業デザインや建築デザインで多く使われる投影法です．人の目で見た感覚に近い，遠近感のある投影法です．デザインの分野では「パース画」と呼ばれます．投影面からある距離にある視点と対象物の各点とを結んだ投影線が，投影面をよぎる投影です．

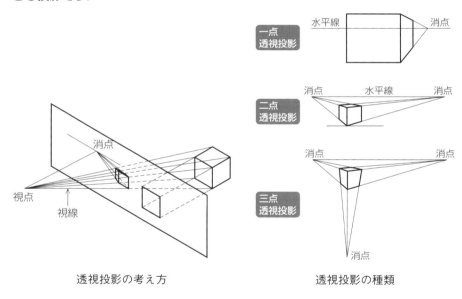

透視投影の考え方　　　　　透視投影の種類

透視投影には消点の数に応じて**一点透視投影，二点透視投影，三点透視投影**があります（上図（右））．一点透視投影は，家具や設備機械などの単品を立体的に見せる場合に多く使われます．二点透視投影は，建築物や屋外大型機械などを立体的に見せる場合に使われます．三点透視投影は，人間の視覚に近い自然な描写ですが，作図作業性からあまり使われません．

このほかに水平の投影面を上から見た**鳥瞰透視投影**があります．

投影法の理解

これまで解説してきたように,投影法にはたくさんの種類があり,これをすべて理解することは大変です.機械設計者としては第三角法の投影理論,作図をきちんと学んでください.

製造現場,設計現場ではほとんど第三角法で図面が描かれ,その図面に基づき議論,会議がなされていきます.作図に関する細かい規定は,実は業界や会社によって若干ルールが異なっていたり,旧 JIS のまま作図されていたりする場合が多くあります.また,基礎教育を受けずに設計の分野に入ってきた技術者のなかには,図面が読めても,そもそも第三角法を理解していない人もたくさんいます.

立体図はあくまでも理解を手助けするものであり,したがって機械製図に理解力の低い人にもわかりやすくし,全体の意匠検討で自然の感覚を得るために使われるものです.機械設計者が「立体図にしないと理解できない」というのでは困ります.第三角法の図面を見て,読み込んで,立体図形を頭の中で描けるようにしてください.

基礎を学ぶことは,とても大切です.しかし実際の作業現場で基礎をじっくり教育してくれることはほとんどありません.現場で図面を見るときには,規定どおりに描かれているか,規定を大きく逸脱していないかという点に注意すれば,作成者の知識やその会社の姿勢もわかります.

基礎を身につけ,自分のものにしたうえで,応用に生かしていく,これはどの分野でも大切なことです.

① 図面の使用目的に応じて投影法を使い分ける.
② どのような投影法でも,正確に製品形状を把握できるようにする.
③ 機械製図の基本である「第三角法」とはどういうものかを理解する.

2.5 図示法

図示法の基礎

正面図（主投影図）

　対象物を第三角法で図示する際に，まず決めることは**正面図**（主投影図）です．正面図といっても一般的に「前」になる部分が「正面図」とは限りません．対象物が最も明りょうに理解できる面を選びます．例えば，自動車であれば「横」が正面図であり，「前」から見た図は側面図になります．

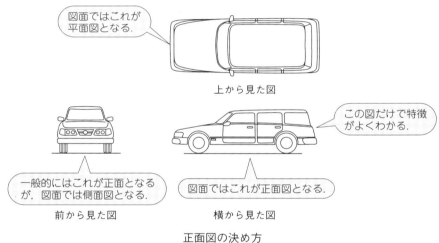

正面図の決め方

投影図の数

　正面図が決まったら投影数を決めます．投影数はなるべく**少なく表す**ことが大切です．軸の切削加工品や鋼板の穴あけ加工品であれば，正面図に記号をつけることでほかの投影図は省くことができます．

投影図の向き

　部品図や製作図では，対象物の加工を考慮した図示が必要になります．軸の切削加工品は，外形切削は外径の小さい側を右に向け，穴（中ぐり）加工では内径の大きい側を右に向けます．これは，**切削量の多いほうを右側**に向けることになります．

2.5 図示法

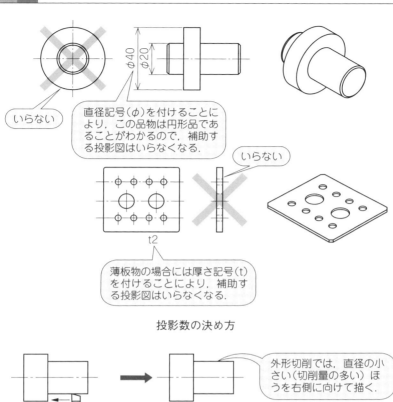

投影数の決め方

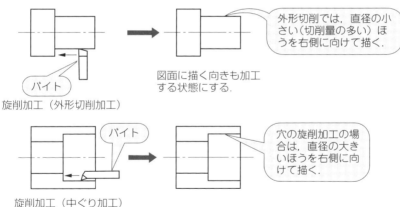

向きの決め方

▍部分投影図

正面図に対して，側面図などを描かなくても一部分を示せば足りてしまう場合は，その部分だけを部分投影図として表すことができます．この場合，省いた部分との境界は破断線で示しますが，明りょうな場合は，破断線は省略することができます．

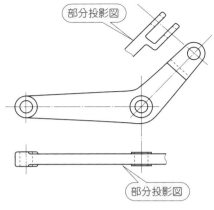

部分投影図

▍局部投影図

部分投影図は一部分の形状を図示しましたが、局部投影図は対象物の穴、溝など一局部だけの形状を図示できます。投影部分の位置を明確にするために、主となる図と局部投影図とは中心線、基準線、寸法補助線などで結びます。

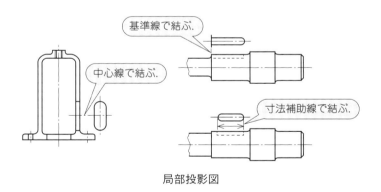

局部投影図

▍回転投影図

投影面に角度があり実形が表れない場合は、その部分を回転してその実形を図示することができます。作図の際に用いた線は残してもかまいません。

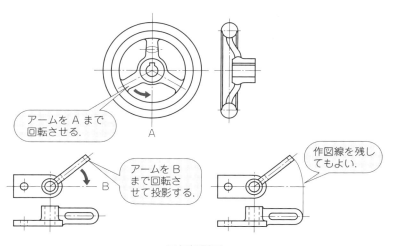

回転投影図

部分拡大図

対象物の特定部分の図形が小さいために,その部分に詳細な図示,寸法などの記入ができないときには,該当部分を別の場所に拡大して描くことができます.

拡大する部分を細い実線で囲み**ラテン文字の大文字**で表示するとともに,拡大図にその文字と尺度を記載します.尺度記載が不要の場合は「拡大図」と付記します.

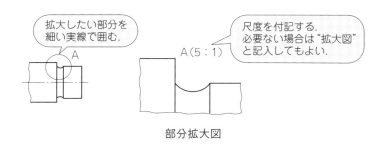

部分拡大図

補助投影図

斜面部のある対象物で,その斜面の実形を表す必要がある場合には補助投影図で表します.補助投影図は**部分投影図**,**局部投影図**で描いてもかまいません.

補助投影図を次ページ(上図)のように斜面に対向する位置に描けない場合は,矢視法もしくは格子参照方式によって,参照文字を組み合わせて示します.

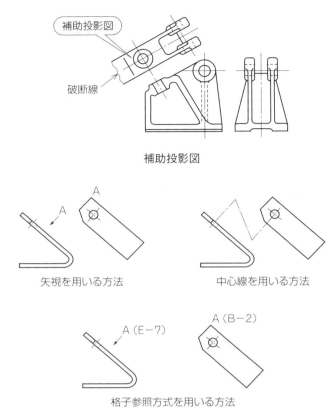

補助投影図

矢視を用いる方法　　　中心線を用いる方法

格子参照方式を用いる方法

補助投影図の配置

断面図の描き方

断面図の基本事項

　断面図は隠れた部分をわかりやすく示すために使うものです．断面図の図形は切断面を用いて対象物を仮に切断し，切断面の手前部分を取り除き投影します．一方で断面図とすることでわかりにくくなるもの，切断しても意味がないもの（軸，ピン，ボルト，ナット，小ねじ，座金など）は断面図にはしません．必要があれば**部分断面**にします．

　切断面の図示は細い一点鎖線とし，両端を太くします．また，投影方向を示す場合は矢印とラテン文字で示します．

ハッチングは細い実線で，中心線に対して **45°を基本**とします．ハッチングの面積が広い場合は，外形線に沿った適切な範囲で示します．

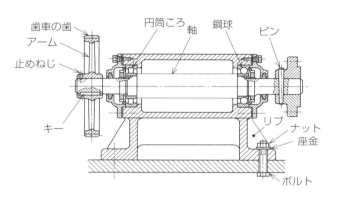

断面図の描き方（JIS B 0001）

全断面図

全断面図は，対象物の基本的な形状をもっともよく表すように，切断面を決めて描きます．この場合，切断線は記入しません．また，必要があれば切断線によって切断位置を示して，特定部分の形状をわかりやすくします．

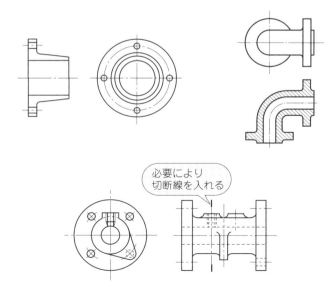

全断面図の例

片側断面図,部分断面図

対称形の対象物は,外形図と全断面図の半分ずつを組み合わせて表すことができます.また,外形図で必要な一部分だけを部分断面図として表すこともできます.この場合は,破断線によってその境界を示します.

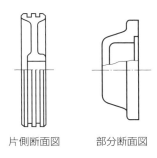

片側断面図　　部分断面図

片側および部分断面図の例

回転図示断面図

ハンドルや軸,レール,構造物の部材などの切り口は,断面箇所の前後を破断してその間に描くか,切断線の延長線上に描くことができます.また,図形内の切断箇所に重ねて,細い実線で描くこともできます.もっともわかりやすい方法を選択して描くようにしてください.

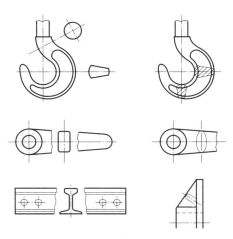

回転図示断面図の例

その他の断面図

その他，複雑な形状の製品，曲がった形状の製品などの断面図例は下図および次ページ図のようになります．どのような場合でも切断位置を表す切断線は細い一点鎖線とし，端部および方向の変わる部分は太く描いてください．

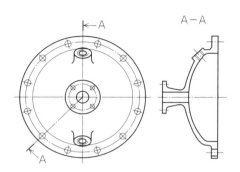

中心線に対し平行切断と角度をもった切断例

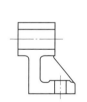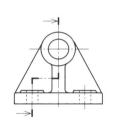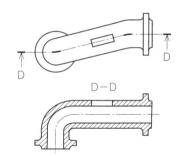

平行な平面での切断例　　　　　　　　曲管の切断例

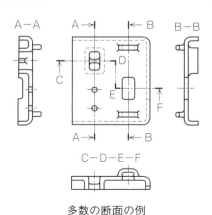

多数の断面の例

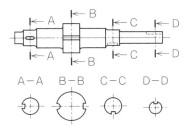

切断線の延長線上に断面図を置く例

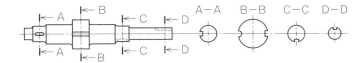

主中心線上に断面図を置く例

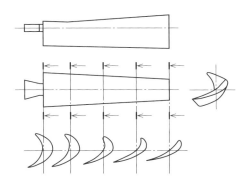

徐々に変化する多数の断面の例

図面の省略

■ かくれ線などの省略

　対象物の内部などは，かくれ線（破線）で示しますが，図形が理解できるのであれば省略できます．また，切断面の先方に見える線も同様に省略できます．

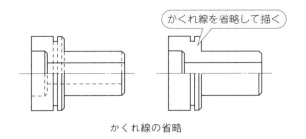

かくれ線の省略

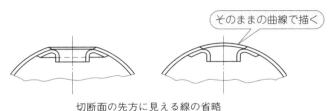

切断面の先方に見える線の省略

内部，切断部の省略例

対象図形の省略

車輪，歯車などのような対称形式の図形は，対称中心線の両端部に**対象図示記号**（短い2本の平行細線）を付けることで，対称中心線の片側を省略できます．

ただし，対称中心線付近の形状（穴やキー溝など）を図示したい場合は，対称中心線を少し越えた部分まで描き，対象図示記号（短い2本の平行細線）は省略します．

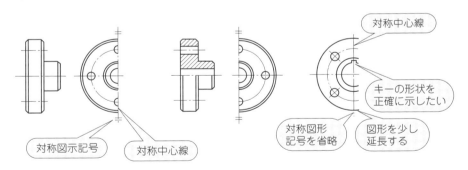

対象図形の省略例

中間部分の省略

軸，管，形鋼など同一断面の部分や同じ形が規則正しく並んでいる部分は，中間部分を省略して，主要部分を近づけて描くことができます．切り取った端部は破断線で示します．

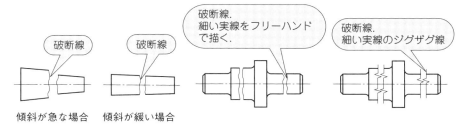

中間部分の省略例

繰返し図形の省略

連続した穴など,同種同形状が多数並ぶ場合は,下図のように省略して描くことができます.

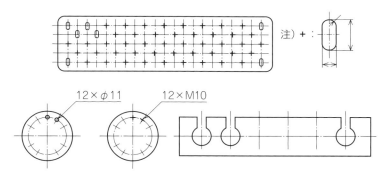

繰返し図形の省略例

寸法の記入法

寸法記入の原則

寸法は図面を描くうえで必要なものですが,右図のようにむやみに多く記入すると,混乱や誤解を与えてしまいます.

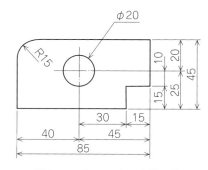

重複して読みにくい寸法記入

寸法記入のポイント

① 主投影図に集中して指示する．
② 原則として対象物の仕上がり寸法を示す．
③ 寸法は計算して求める必要がないように記入する．
④ 加工の際に基準とする形体があればそれをもとに記入する．
⑤ 工程ごとに配列を分けて指示する（下図）．

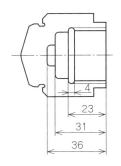

基準からの寸法記入例

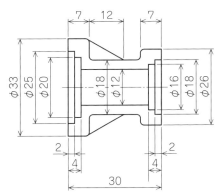

工程ごとに寸法を配列する例

⑥ 関連寸法はまとめる．
⑦ 重複記入は避ける．
⑧ 円弧が180°までは半径，それを超える場合は直径で記入する（右図）．

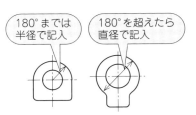

半径および直径の例

寸法線，寸法補助線

寸法線は対象物の寸法を示す部分と平行に引き，両端に端末記号（矢印など）を付けます．記入する寸法数値は寸法線の上，中央とし，文字の向きは，**水平方向は図面の下**から，**垂直方向は図面の右**から読めるように記載します．

長さの寸法単位はミリメートルとして，単位記号はつけません．角度の寸法単位は基本的に度を使い，数値の右肩に単位記号を付けます．数値の小数点は「．」（ドット）を使います．なお，小数点との誤認を防ぐため，寸法数値の桁数が多い場合でも3桁ごとの桁を区切る「，」（コンマ）は付けてはいけません．

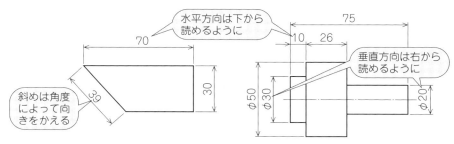

水平，垂直方向の寸法数値記入例

　角度数値や斜めの寸法線に寸法数値を記入する場合は，読みやすいように数字・文字の向きを記載します．また，寸法記入位置が狭い場合は，引出線で数値を記載する方法，小さい寸法から順に内側に記載する方法，干渉しないように交互に数値を記載する方法でも構いません．

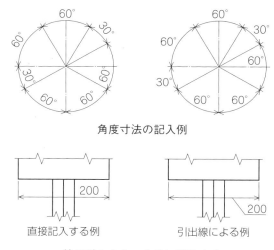

角度寸法の記入例

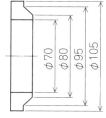
直接記入する例

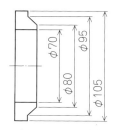
引出線による例

線に重ならないように記入する

小さい寸法を内側にする例　　交互に記入する例

表面性状

機械部材の表面は素材の生産,加工などの状況によって一様ではありません.鋳物の表面は鋳肌ともいい,比較的粗い状態になっています.また,旋盤や形削り盤などの切削加工では,切削方向の筋目があります.表面を仕上げる必要がない場合はそのまま組立工程に進めますが,必要があれば図面上で**表面粗さ**の指定を行います.

表面粗さを指定すると仕上げ工程が増え,その分コストが増加しますので,指定する際は注意が必要です.おおまかには

　　　鋳肌(素材)→切削加工→研削加工→研磨加工

の順に精度が上がりますが,コスト増となります.

表面性状の概念

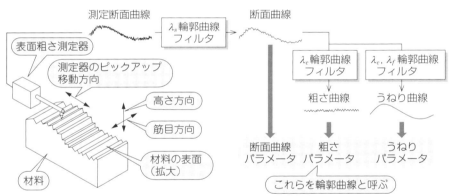

λ_s輪郭曲線フィルタ:粗さ成分とそれよりも短い波長成分との境界を定義するフィルタ.
λ_c輪郭曲線フィルタ:粗さ成分とうねり成分との境界を定義するフィルタ.
λ_f輪郭曲線フィルタ:うねり成分とそれよりも長い波長成分との境界を定義するフィルタ.

表面性状の概念

算術平均粗さ(Ra)

最も多く使われるパラメータで,粗さ曲線の平均線から下の部分を平均線で折り返し,得られた面積を基準長さlで除した値です.平均化された数値のため,きずなどの偶発した突出数値などの影響を受けにくく,安定した数値が得られます.

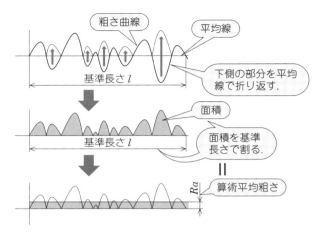

算術平均粗さの求め方

最大高さ粗さ（Rz）

粗さ曲線の山頂線と谷底線との間隔を縦倍率方向に測定した，それぞれの最大値の和の値です．

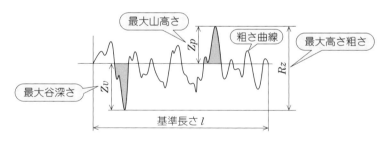

最大高さ粗さの求め方

表面性状の基本図示記号

表面性状の基本図示記号は，対象面を示す線に対して**約 60°に開いた 2 本線**で表示します．また，対象面に切削など除去加工をする場合，しない（許さない）場合の表示は次図のとおりになります．

2.5 図示法

表面性状を指示するための
基本図示記号

除去加工をする場合の
図示記号

除去加工をしない場合の
図示記号

表面性状の基本図示記号

▌表面性状の図示

表面性状を図示するには，対象面に接して指示するか，引出線，引出補助線で指示します．

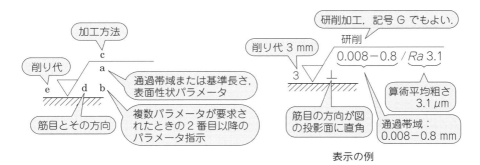

表示の例

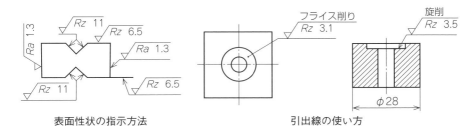

表面性状の指示方法 　　　　引出線の使い方

表面性状の図示

① 図示法上の「正面図」は製品機能上の「正面」と違い，作図対象物が最も明りょうに理解できる面を選ぶ．
② 製造現場の立場に立った，正確，簡潔で読みやすい図面を描く．そのためにも投影数はなるべく少なくする．
③ 寸法は基準となる位置を明確にすることで，製造時のばらつきを低減する．

2.6 寸法公差

寸法公差の意味

　寸法は図面により指示しますが，実際の加工では，製作誤差が必ず生じます．また，製作誤差を少なくするためにむやみに精度を上げると，製造に手間がかかり，結果として工程が伸び，コストが増加してしまいます．このような生産のムダを防ぐため，寸法精度に一定の幅を設けてその範囲内に仕上げることで，効率よく部材を生産することができます．

① **基準寸法** ⇨ 寸法の許容限界の基本となる寸法
② **許容限界寸法** ⇨ 寸法の許容限界を表す大小二つの寸法
③ **最大許容寸法** ⇨ 大きく加工した場合の許容寸法
④ **最小許容寸法** ⇨ 小さく加工した場合の許容寸法
⑤ **寸法許容差** ⇨ 基準寸法と許容限界寸法の差
⑥ **寸法公差** ⇨ 最大許容寸法と最小許容寸法の差

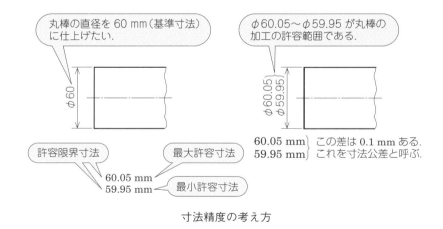

寸法精度の考え方

寸法許容差の表し方

　寸法許容差とは，**基準寸法と許容限界寸法との差**をいいますが，図面のなかでこれを表す方法としては次の3種類があります．

① 公差値を数値で表す方法
② はめあい方式で表す方法
③ 普通公差で表す方法

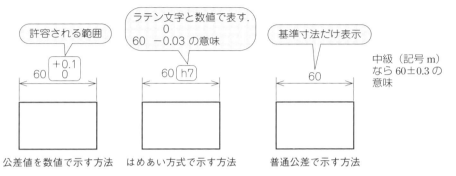

寸法許容差の表し方

どの方法で記載するかは設計者の判断になりますが，むやみに寸法精度を上げる必要はありません．製品の要求品質をよく見極めて選択します．

公差値を数値で表す方法

基準寸法を記載して，その右に許容寸法差を記載する方法が多く使われています．この方法であれば，必要な部分のみ寸法精度を高くすることができます．図面の記載方法を下図に示します．

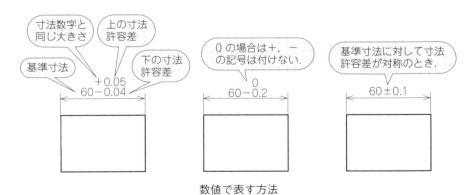

数値で表す方法

はめあい方式で指示する方法

軸と穴で，標準化された寸法公差および寸法許容差の方式を寸法公差方式とい

い，この場合のはめあいを「**はめあい方式**」といいます．軸と穴とのはめあいには，その使用目的に応じて挿入後は固定されて使用するもの，スライドさせたり回転させたりして使用するもの，必要に応じて取り外して使用するものなどがあります．

① **すきまばめ** ⇨ 軸と穴とはすきまができるように基準寸法および許容限界寸法を設けてある（軸と穴は自由に動くことができる）．

② **しまりばめ** ⇨ 穴径より軸径が大きくなるように基準寸法および許容限界寸法を設けてある（穴と軸は固定される）．

③ **中間ばめ** ⇨ 許容限界寸法の範囲ですきまばめにもしまりばめにもなり得るはめあいであり，広く利用されている．

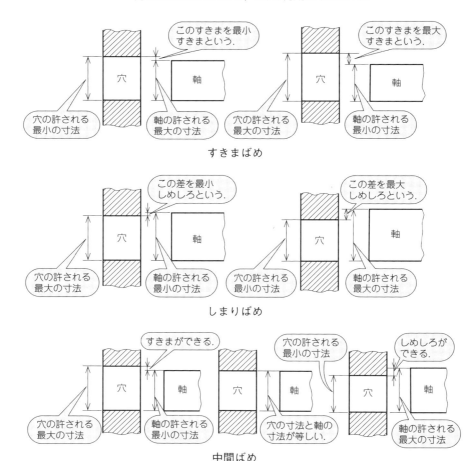

はめあい方式では，基準寸法の横に寸法許容差の記号を用いて図示します．記号は**公差域の位置を示す記号**と**公差等級**を表します．公差域とは基準寸法に対する寸法公差の大きさと，その位置によって定まる最大許容寸法と最小許容寸法との領域をいいます．

穴の公差域の位置は A から ZC まで大文字のラテン文字，軸の公差域の位置は a から zc まで小文字のラテン文字で表します．図示の仕方と公差域を下図に示します．

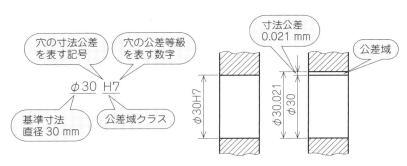

はめあいの図示方法

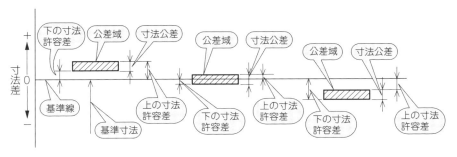

公差域の位置

▌普通公差で表す方法

特別な精度が要求されない場合や公差指示がない場合は，普通公差で簡易に図面指示することができます．普通公差で適用できるのは長さ寸法，角度寸法，組立品を機械加工して得られる長さおよび角度寸法のみになります．

したがって，別の規格が適用されている場合の寸法や参考寸法，論理寸法には適用しません．

普通公差は下表に示すとおり，等級は小文字のラテン文字を用いて f（精級），m（中級），c（粗級），v（極粗級）で区分します．普通公差を適用する場合は，次の事項を表題欄の中またはその付近に指示します．

JIS B 0405-m

普通公差（JIS B 0405）

公差等級		基準寸法の区分							
記号	説明	0.5*以上3以下	3を超え6以下	6を超え30以下	30を超え120以下	120を超え400以下	400を超え1000以下	1000を超え2000以下	2000を超え4000以下
		許容差							
f	精級	±0.05	±0.05	±0.1	±0.15	±0.2	±0.3	±0.5	―
m	中級	±0.1	±0.1	±0.2	±0.3	±0.5	±0.8	±1.2	±2
c	粗級	±0.2	±0.3	±0.5	±0.8	±1.2	±2	±3	±4
v	極粗級	―	±0.5	±1	±1.5	±2.5	±4	±6	±8

（単位：mm）

* 0.5 mm 未満の基準寸法に対しては，その基準寸法に続けて許容差を個々に指示する．

複数の寸法許容差を図示する際に，公差の重複を避ける必要があります．このためには重要度の高い寸法から公差を記入し，重要度の低い寸法は公差を記入しないようにするか，もしくは（　）の中に記入します．

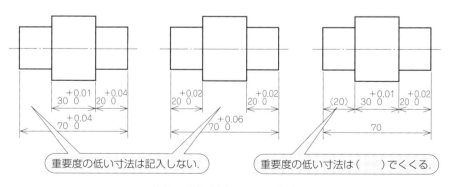

公差の重複を避ける記入方法

2.6 寸法公差

　組立て部品の公差記入は，基準寸法の後とし，穴のはめあい記号の後もしくは下に軸のはめあい記号を記入します．さらに寸法許容差を数値で記入する場合は（　）を付けて記載します．記入例を以下に示します．

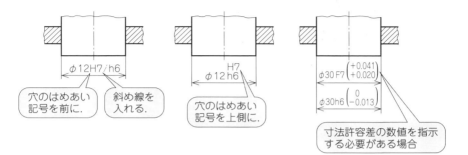

組立て部品の公差記入方法

① 「寸法」といっても，一般的に種別などの呼称として使われる寸法（呼び寸法），許容限界の基準となる寸法（基準寸法），大小の許容限界を表す寸法（許容限界寸法）がある．
② むやみに寸法精度を上げると，加工工数が増加して生産コストが上がってしまうので，使用目的に応じた寸法公差を意識する．
③ 製造段階では，しまりばめでの「しめしろ」が大きすぎると破損につながり，小さすぎるとずれや外れの原因となるため，適切なはめあいを選択する．

Note

3 章
機械設計の手順

3.1 企画と構想

設計者としての心構え

　機械設計を仕事とする人のほとんどは企業の一員という立場でしょう．一口に企業といっても大手企業，中小やベンチャー企業など幅広くありますので，設計の手順，ノウハウなどは多種多様です．さらに業界文化，企業文化の違いもあり，したがって，設計の手順も一概には言えません．前章までに解説してきた工具，工作機械，機械製図などの JIS で規格化されているものはある程度統一されていますが，実際の設計業務に入ると設計者個人の技術力や対応力，人間性などが要求されます．したがって，設計者には設計に関する知識だけでなく幅広い見識と人間性が要求されます．

　このような複雑な環境に置かれるわけですから，設計者はしっかりとした意見，意思をもって製品の構想，企画，設計に望まなければなりません．

　　「学校で学んだ設計の勉強が役立たない」
という若い技術者の話をよく聞きます．

　これは，業界や企業文化の違いによるもので，設計だけでなくほかの職種でも同じことです．これから機械設計を仕事としていく若いみなさんは，学校で学んだ基本を忘れることなく，幅広く学んでください．

　自分自身が設計者の立場になったときに，ぜひ周囲のものの見方を変えてみてください．製品をつくり世に送り出す責任を担った者として，世の中の製品を多角的に見て，評価してみてください．どんなに大きな企業の設計者でも，自分自身の意見，意思をもち続けることは大切です．

企業としての設計者

　企業組織のなかにはたくさんの部署があり，そこで仕事をする人たちはその道のプロフェッショナルです．財務担当者はコストや納期，法務担当者は規則や知的財産，営業担当者は顧客開拓や販売戦略，広報担当者は広告，宣伝など，多種多様であり，これらの業務が機能して企業は円滑に経営されているわけです．このようななかで，設計部門の担当者として，自分自身どうあるべきか考察してみます．

　大きな構造物や社会的インパクトのあるもの，投資額が大きいものなどの設計では，社内でプロジェクトが組まれ，各段階でデザインレビュー（設計審査）が行われて進められていきます．このような状況で各部署が集まり，会議を行うのですが，集まったメンバーはものづくりのプロではありません．このため，自分の担当の立場，都合で意見が述べられます．財務担当者はコスト低減を主張し，広報担当者は宣伝展開を意識し，営業担当者は売込み方法を考えます．つまり視点が全く違うのです．

　設計者はこれらの意見を集約して，最終的には一つの製品としてつくり上げなければなりません．意見集約，調整を円滑に進めるためには，皆が納得できる仕様に落とし込む必要があります．

　しかし，「みんなの意見のいいとこ取り」は非常に危険だ，ということを認識しておいてください．各部署の担当者は自部署の視点で製品を見ています．財務担当者の意見で安い部材を使用した結果，製品寿命が極端に短くなった，という事例もあります．つまり必要なことは反論しなければいけませんし，設計者には反論できるだけの冷静な見識が要求されます．

　ここでは，構想，企画段階での手順とポイントについて見ていきます．新しい製品を開発する目的と効果を整理します．

▎製品開発の目的例

- 市場開拓・活性化
- ライバル企業との差別化
- 株主要望
- 利益拡大

3章 機械設計の手順

▌製品開発の効果例

- イメージアップ
- サービス向上
- 社内活性化
- 緊張感
- モチベーションアップ

このように，単に製品を開発して販売し利益を上げるだけでなく，多くの要素があることがわかります．特に，直接的なメリットはありませんが，製造現場で働く作業者や営業担当者などの活性化は，生産性の向上や品質に良い影響を与えます．設計者はこういった点にも気を配り，幅広い視野でものごとをとらえ，推進していく必要があります．

企画段階では，今後製品をつくり上げていくために明確にしておくことを列記，把握しておきます．これは関係者へのヒアリング（聞取り調査）などにより行います．

事前に明確にしておくべきこと（例）

- テーマ・コンセプト
- 概要
- 優先順位（コスト，イメージ，差別化，社会貢献など）
- 予算（設計費，試験費，調査費，設備改修工事費など）
- 関係法令（基準，ガイドライン，行政指導，社内規格など）
- スケジュール（設計，開発，生産など）
- 協力企業，サプライヤ（コスト，技術力見極め）
- 社内コミュニケーション（会議体の設定，情報共有の手段など）
- 社外コミュニケーション（アドバイザ，有識者）
- 設計者自身のスキル（ポリシー，持ち味，強み）

ここで，設計者自身のスキルについては，一般的な技術スキル，計算能力などがあれば用が足りてしまう場合がほとんどです．したがって，与えられた条件で解析，計算して図面を描けば次工程に進めることができます．ではどのような場合に設計者の強みが出てくるのでしょうか．

設備機械の非常停止スイッチの回路を事例として考えてみます．次の図は設備機械に設置された，非常の際に機械の停止指令を出すスイッチの回路図です．

Aは回路がONになることで停止指令を出します．Bは回路がOFFになることで停止指令を出します．

設備機械の非常スイッチ

設計者が通常の考えで設計すればAで示す回路でスイッチを構成します．しかし深い見識を持った設計者，ちょっと立ち止まって考察できる設計者はどうでしょうか．非常スイッチは普段使用しませんので，接点が汚れなどで接触不良になる危険があります．もし非常時にスイッチの接点が導通しなかったときにどうなるのでしょうか．そのリスクを考えて，結果としてBで示す回路を使い，正常時はON信号を出し，非常スイッチ操作時にOFFとなる回路を選択するかもしれません．このように，細かいところで安全性や生産性などに配慮できるか否かは，まさしく設計者の持ち味といえます．

社会貢献と設計

一つの製品を世に送り出す際には，その製品の社会的影響度を考慮すべきです．ただ，これを怠ったとしても，関連法規に抵触しなければ大きな問題にはなりません．また企業としてもイメージダウンになる要因がなければ，見過ごされてしまいがちです．しかし，昨今社会全体が環境保全やコンプライアンス意識の高まりにより，少しずつ関心が高まってきています．製品開発の際には常に念頭に置いて作業を進めるようにしてください．

社会的影響度を考えながら設計することは，意識していないと難しいものですが，以下のような観点で捉えるとよいでしょう．

① **製品のエンドユーザはどのような人たちか** ⇨ 年齢層，性別，障害の有無，地域など．特に子供に向けた製品は，子供の成長の妨げにならない配慮が必要．

  例 自転車，携帯電話，ゲーム機器，自動車部品

② **製品の安全性は考慮されているか** ⇨ エンドユーザへの安全配慮はもちろん，生産，流通過程での作業者の安全にも配慮が必要．

　　例　極端な突起物，服が引っかかりやすい形状，可動部の保護

③ **製品の意匠は考えられているか** ⇨ 設計対象物が最終的にはほかの機器に組み込まれる製品の場合は，構成全体の意匠を見たうえで検討する．

　　例　特急電車の椅子，自動車の計器パネル

④ **社会に向けて発信する力はあるか** ⇨ 社会が求めているものは何か．

　　例　LED 照明，超軽量素材

⑤ **生活の質を向上させていくものか** ⇨ 単に楽できるものという観点ではなく，使う人が愛着をもって使用できるものづくりを目指す．

　　例　木材を多用し感触を大切にした家具

⑥ **環境負荷はどのくらいか** ⇨ 生産，流通における CO_2 排出量，使用素材のリサイクル性など．

　　例　天然素材の活用，リサイクル素材の積極使用

鉄道車両を例に，特急電車の椅子を設計するとします．配慮する点として以下のような観点が必要です．

① どのような人でも使いやすい機構
② 身体に不自由があっても座りやすい形状
③ 子供を抱いた親が着席したときに子供の身体がぶつかりにくい形状
④ 飲食のしやすい構造
⑤ 長時間の着席でも疲れない形状
⑥ 腰痛をもった人にやさしいクッション性
⑦ 室内空間の意匠に調和した形状，色彩
⑧ 長期間の使用に耐える素材の選択と強度
⑨ 製造過程での有害物質排除
⑩ 軽量化による流通負荷の軽減

3.1 企画と構想

　このほかにも検討過程において配慮すべき点は多くありますが，これらは社内で共有できているものもあれば，設計者個人の経験によるスキルに依存する部分も多くあります．特に個人の経験に依存する内容は，機会を捉えて共有するように努めていく必要があります．一つのプロジェクトが完了したときなどに組織内で振返りを行い，共有すべき内容をリストアップしておくとよいでしょう．

　設計における社会貢献とは，それが直接コスト低減や販売増に結び付くものではありません．逆に，製造にあたってはコストの増加を招くこともあります．したがって，組織内で意識を高めることが大切です．また，組織や会社全体の意識を社会貢献へ向けていくことも設計者からどんどん発信すべきであり，それが設計者にとっての社会貢献であることを肝に銘じておいてください．

個人の思想と設計

　たとえ設計者自身が企業所属者であっても，ものづくりの細かい設計は個人の技量によるところが大きくなってきます．そして，そのような細かいところで検

討が不足した設計をすると，製品流通後の回収など，企業損失も大きくなります．したがって設計者個人が設計に対する見識を深めることはとても重要です．

設計技量を向上させるためには，日ごろから常に関心をもってものを見ることが必要です．設計的観点の例を以下に記載します．

① **その製品に一日何回触れるかを考える** ⇨ 製品に触れる回数，触れている時間とその重要度を考慮します．

   例
   - 自動車のステアリングホイール（ハンドル）は運転中握っているので，ストレスのない操作性，感触，握りやすさが必要．
   - ワイパスイッチは雨天時に使用するものであり，操作回数も限られるが，運転中に視線を大きく移動することなく手が届く位置に必要．

② **その製品を使用する時間帯の光線を考える** ⇨ 使用する時間帯によって，太陽光の場合，光線が変わってきます．

   例
   - 屋外設置の機器では，太陽光の紫外線による塗装劣化に配慮が必要．
   - 朝日や夕日は低い角度から入射するので，液晶パネルに配慮が必要．
   - 夜間にも使用する装置であれば照明の位置，向きを考慮．

③ **その製品を使用する人の身長差を考える** ⇨ 設計者は得てして自分の身長や体格で寸法を考えてしまいがちです．

   例
   - スイッチの位置，特に高さは使用者の体型に配慮が必要．
   - 引いて使うもの，押して使うものの相違による力の入れ具合とバランス．

製品企画にあたっては設計者自身がその製品カテゴリーに対する見識を深めておくことが大切です．製品によっては長い歴史があり，改良過程でいろいろないきさつから設計変更が行われているものが多くあります．このような意味から，製品に対する**歴史**，**経緯**，**基準**などをしっかりと把握しておくことが必要です．見識向上のために必要なこと，読んでおくべきもので，主なものを以下に示します．

① 製品の歴史，開発背景に関する知識
② 類似製品の研究
③ 関連 JIS 規格の理解
④ 関連技術論文の理解
⑤ 関係省庁の公開情報

見識を向上させるための情報では，その出典や扱いに注意してください．Web情報は手軽さがある反面，信ぴょう性の低いものも多くあります．必ず出典を確認して信頼のおける情報を得るようにしてください．また，信頼のおける情報発信元であっても広報的要素が強いと，特定の部分が大きく強調されています．たとえば「強度が倍増した」と表現されていても，実際はどのくらいの強度なのかはわかりません．注意のポイントを以下に示します．

① **定量的なものの見方を心掛ける**

「すごく良くなった！」とは，何と比較しているのか？　何かどのくらい増えたのか？　減ったのか？

② **数量表現は「分母」の量を意識する**

「倍増した！」というときの分母の数値は？　1個が2個になっても倍増です．

設計した製品の気づき一覧

個人の設計スキルを向上させるためには，これまで述べてきたようなものの見方，考え方が必要です．さらにこれを自分のものとして向上させていくためには，気づいた項目を一覧表にしておくことが大切です．一覧表は自分が見やすい内容で作成すればよいのですが，一例として次に紹介します．

自分が携わった製品についての完成後の気づき，顧客からのクレーム，行政指導，規格改正対応など，次期生産時に参考になる内容を記載した表です．

設計した製品の気づき一覧表（例）

No.	状況	対策案	採否
1	確認窓開けにくい	ツマミ形状変更	採
2	装置上部からきしみ音	骨構造再検討	採
3	モータ点検用のフタが必要	鋼板に穴開け	採
4	モータ回転音が大きい	防音構造とする	否
5	機器内部清掃作業性が悪い	下フタが外れる構造とする	否
6	工具スペース狭い	配管ルート変更	採
7			
8			
9			
10			
11			

設計改良の一覧

自分が携わったもの，そうでないもの，自分が使用しているものなど，どんなものでも改良したほうがいいと思った内容を記載した表です．

設計改良の一覧表（例）

No.	種別	場所	内容	着眼点
1	公共	○○地下道	案内板が広告の間にあるので気づきにくい	デザインに工夫すべき
2	自動車	空調吹出し	風向板の可動範囲が狭い	設計段階で検証
3	公共	○○公園水飲場	手すりの先端が埋め込んでいない	紐などを引掛ける可能性あり
4	公共	歩道花壇のロープ	夜間見えにくい	金属製の明るい塗装がよい
5	事務用品	裁断機	樹脂カバー割れ	事前の強度検証
6	ラジオ	ボリウムツマミ	直径が小さく回しにくい	適度な大きさとローレット加工
7				
8				
9				

これらの表は，新たな設計プロジェクトが始まったときや製品改良の設計の際に有効です．しかし，日々気付いた時点で手軽に追記，共有できるようにしくみ

を作っておかないと，いざ必要になったときに全く役に立たないものになってしまいます．したがって，このような一覧表を組織で共有するために，以下の点に注意しておくと良いでしょう．

▶記入を疎かにしないしくみづくりの例
- 情報収集の考え方，方法，コツなどの教育を実施する．
- 情報記載担当者を決めて，管理を徹底する．

▶記入した情報の共有方法の例
- 社内ネットワークに組み込んで，手軽にアクセスできる体制を構築する．
- キーワード検索できるシステムにしておく．
- 統一した様式の用紙に記入して，閲覧しやすくする．

▶記入意識を維持する方法の例
- デザインレビューなどの会議体で定例的に取り上げ，意見交換を行う．
- 記入内容，記入者によるコメントなどを関係者にメールで配信する．

① 新しい企画は利益拡大，イメージアップ，サービス向上だけでなく，製造現場などの社内活性化にもつながることを念頭におく．
② 企業利益とともに，社会貢献，環境負荷，安全性など幅広い考えで企画，構想設計を行う．
③ 設計した製品の気付き，設計変更経緯などはこまめにリストアップして，一覧表にしておくと，必ず役立つときがくる．

3.2 課題抽出と開発

　開発する製品の規模にもよりますが，設計のスタートは社内でプロジェクトを組んで行われることが多くなります．設計者は，こういったプロジェクトのなかで社内外のメンバーと企画，開発に当たっていくことになります．

時代要請と社会貢献

　設計開始にあたり，まず大枠で考え方を整理していく必要があります．自分の考えを整理し，各種会議で積極的に提案していくことが大切ですが，そのためには前節で述べてきたような製品に関する自己学習が必要です．

　社内やプロジェクトチーム内での検討を進めるなかで，課題を抽出していきます．いきなり細かい寸法などの検討ではなく，まずは大枠でものごとを捉えていくようにします．以下に具体例を示します．

▍耐用年数の検討

　その製品がどのくらいの期間使用されることを想定するかを考えます．ここでは，製品完成後の保守における部品供給なども考慮しなければいけません．特に改廃の周期が短い電子部品，マイコン，内装材などは注意が必要です．

▍社会情勢の変化

　その製品を使用する年齢構成が，どう変化するかを予測することが必要です．例えば携帯電話は，発売初期の頃は，比較的裕福な社会人が使用していました．しかし，それから20年以上を経た現在ではお年寄りから子供まで使っています．携帯電話の製品寿命から考えれば特に問題にはなっていませんが，このような利用年齢層の変化が製品寿命を短くしているのかも知れません．

▍機器の拡張性

　設計する製品の完成後，機能を拡張していく可能性がある場合などは，その準備としてあらかじめ台座や配線，強度確保などを含んでおき，実際に機能拡張するときに大きな改造をせずに済むようにしておきます．この見極めは非常に難しく，数年後明らかに性能拡張することがわかっていて，綿密に設計を行っていたとしても，実際にその時期になると情勢が変化しているものです．

したがって，あまり詳細な設計を行って製造しても無駄になってしまうことがあります．至れり尽くせりの準備された設計，製造を行うよりも，改造の作業性を考慮して筐体（外装）を設計しておくことが有効な場合もあります．

拡張性設計はこのようなことから，個人の設計スキルに依存する部分があります．気の利いた設計ができるように，日々経験を積むことが大切です．

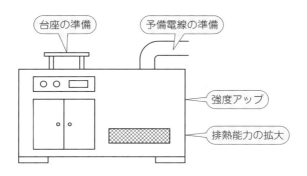

部品の共通化

使用する部品の共通化は製造，保全コストの削減につながりますので，必ず検討しなければなりません．機械部品では主な機械要素であるボルト，ナット，小ねじ，ばね，歯車，軸受などがあります．また樹脂製品など製造に金型を使うものは，金型製作にコストがかかりますので，既存のものを流用できるかどうかの検討も必要です．ただし，共通化を意識するあまりに，強度，振動影響，熱膨張などの検討が後回しになることのないように注意してください．

3章　機械設計の手順

▌ 技術，意匠の潮流

　自動車や鉄道車両のように，一般に販売されるものや公共機関として使われるものは，そこに使われる技術，意匠が重要な要素になります．新しい技術はその適否だけでなく要否も考えて組み込むかどうかを判断します．ここで注意すべき点は，新しいものを何でも取り入れるということは避けることです．本当に必要な技術を取り入れていくべきです．設計が始まると各部門からはあれもこれも，と要望が来ますが，設計者には**的確な引き算**が必要で，この引き算がうまくできることが良い設計者の要件となります．

　意匠はその製品のマーケティングからも重要です．マーケティングの分野は工学の分野ではないのでなじみのない人も多いと思いますが，機会を捉えて学んでおくべき分野です．特に近年は特定の作業者が使うもの，例えばフォークリフトや加工機などにも意匠が考慮されるようになってきています．

　意匠検討は専門である工業デザイナーに委託する場合や，設計者自らが考案する場合などがあります．意匠は，それ自体が直接製品性能を左右するということは少ないので，ともすると軽く考えてしまい，時間やコストをかけることを敬遠してしまうことがあります．このため，少しデザインの心得がある者や，デザインを学ぶ学生に依頼して簡便に済ませてしまうことがあります．しかし，安易に考えず，信頼でき，実績のある工業デザイナーに委託すべきです．

　デザイナーはクライアント（依頼主）の求めるコンセプト，使用環境，製品の存在感などを考慮して色彩やロゴ，形状などの意匠を決めていきます．委託するデザイナーと綿密に会話し，意匠を構築していきます．このようにして仕上げた意匠は使用者の心を動かし，長期にわたり使用されるだけでなく，その製品の存在感を保ち続けることができます．

▌ 製品の安全思想

　製品の企画構想の際に，その製品の**安全性**についての考え方をきちんと整理し，社内で意思統一を図っておきます．これは機械的強度の安全率とは違い，構造システム，電気回路などでの安全思想になります．

　例として，鉄道車両における主な安全思想を以下に示します．

　① **連結装置**

　　　連結器による機械的な連結と並列に，一定の加圧された電気回路，または空気圧回路が構成されており，万一走行中に連結が外れた場合は，同時にこの回路も遮断されることで，非常ブレーキを作用させる．

② 戸閉め連動装置

電車の各ドアには，閉めたことを検知するスイッチがある．このスイッチは編成内全ドアを直列回路で構成している．そしてこの回路と電車の起動回路とが連動しているため，一つでも閉じていないドアがあれば電車は起動できない構造となっている．

③ 車体支持

電車の車体は乗り心地向上，車体高さの自動調整などの機能をもった空気ばねで支持されている．このばねが破裂，パンクした場合には，ばね内部の積層ゴムにより，車体を支持して安全を維持する構造となっている．

故障の特性

製品の設計を行うときは，その製品が故障した場合を想定して構造や使用部品を決定します．

① 故障発生時の状態予測

前述，鉄道車両の車体支持での例でみるように，想定される故障に応じた安全構造の設計を心がけます．

② 故障発生後の復旧作業予測

故障が発生した場合は，**原因追究**と**復旧作業**が必要です．原因を的確に把握するためにはモニタ装置やデータロガーによる状況の収集を行います．モニタ装置は製品のなかにあらかじめ組み込んでおき，故障が発生した瞬間の装置の動作状況を読み出すことができます．

また，故障調査の段階で状況把握が詳細に必要な場合は，データロガーを装置内に取り付け，試運転などによりデータを収集します．

使用者の安全，作業者の安全

製品の安全はエンドユーザだけでなく，製造，保全現場の作業性にも配慮して設計します．関連する法規，ガイドラインなどを調査して準拠するようにしますが，その一方で法律による規制は後追いです．事故が発生してその社会的影響から法整備がなされます．

したがって，設計者としては法規の準拠だけでなく，自らの経験，検証結果などから安全性を追求していかなければなりません．しかし，あまりにも慎重になりすぎてしまうと，非常に使いにくい製品になってしまいます．最後はデザインレビューなどの社内審査や経験者の意見，外部有識者の意見なども参考にすると良いでしょう．

安全性を向上させる，ちょっとした設計例を以下に紹介します．

|例| 力の入れる方向

締結作業では工具が外れると勢い余って作業姿勢を崩してしまいます．ねじ締結を行う場所が高所などの場合，力を入れる方向を上または下向きにすることで，安定した姿勢で作業することができます．高所では安全帯を付けた作業になりますが，安全帯は非常時の最終担保であり，これがあるから安全だ，ということはありません．設計での配慮が前提です．

ニーズと意思決定

製品開発にニーズを探ることは大切です．ニーズとは製品を使用するユーザが求めているものと解釈されますが，少し広く解釈すれば，必要と不要を明確にすることと考えられます．この考え方により，ニーズがより一層明確になり，製品が生きてきます．

これから設計し，生産，販売ようとしている製品にユーザは何を期待しているのかを考えてみます．ユーザが求めているもの，期待しているものを探るためには**市場調査**が必要です．市場調査の方法として代表的なものには，アンケートがあります．アンケートの方法として直接面談を行い意見を聴く方法，専用の用紙に記載して回答を集約する方法，Webなどのネットワークを使って回答を集約する方法などがあります．それぞれ一長一短がありますので，目的に合った方法を選択してください．

設問から選択して回答をもらう方法は定量的な把握に利用します．近年増えているWebアンケートは大量のデータを短時間で集約できますので便利ですが，設問の方法に注意が必要です．結果を誘導するような設問などでも，ワンクリックの手軽さから答えてしまいますので，実態に反する結果になってしまうリスクがあります．面談を行う方法や，個別に依頼して行う同行調査などから実態を知

る方法は，手間や費用が掛かりますが，定性的で良質なデータを得ることができます．いずれの方法でも，「今後の製品開発の参考に」というようなアンケートとは違い，正確で信ぴょう性のある結果が求められているので，結果から内面を見抜く力が必要です．

アンケート結果から内面を見抜くことは容易なことではありません．正確に結果を見抜くには，自分の足で歩いて，実態を自分の目で見ることを勧めます．具体的には，集約されたアンケート結果を自分なりに解析してみます．そして現在や将来の動向を考察し，構想設計に落とし込みます．この作業に並行してアンケートの信ぴょう性を検証するために実態確認を行います．

また，ユーザが不要としているものを探ることも，重要な作業になります．設計段階では，得てして新しい部品，話題の部品を採用してみたくなります．しかし本当にその部品は必要なのでしょうか．必ず一度立ち止まって，考えるようにしてください．特に情報機器はいたるところに充実してきていますが，本当に必要なのかどうかは，未知数です．それよりも情報を知らないことによって，そこにいる人は「**想像力**」をはたらかせます．想像力を使うと，そこに喜びや感動が生まれやすくなります．

顧客のニーズと部品の要否が明確になってきた段階では，具体的に設計に落とし込む内容を整理して，**利益確保**の確認を行います．これは生産にあたって，コストアップにならないような仕様の方向性を選択しなければいけません．当然ながら，各部署はその専門分野しか見ていませんので，設計者としてはできるだけ幅広い分野に精通してください．部分最適ではなく全体最適を目指さなくてはいけませんし，それをマネジメントするのも設計者です．

ニーズが把握され，大まかな構造ができ，その方向性が社内で共有されてくる時期は，並行してサプライヤメーカとの協働に入ります．メーカ選定は落札金額

次第で決定されてしまうことがありますが,見極めは重要です.対象サプライヤメーカの技術力,信頼性,アフターサービスの有無などから選びます.サプライヤメーカが決まったら,入念な打合せを行い,こちらの製品に対する思いを伝えます.「協働」といったのはこの作業が大切だからです.これを円滑に進めるには,相互の信頼関係が大切です.

計画策定

一つの製品を開発するためには,全体の**計画策定**を行います.ものづくりにはいくつかの段階があり,マイルストーンを的確に決めていくことで,開発を計画どおりに進めていくことが可能になります.

計画の策定には以下の方法があります.

開発計画

製品開発にあたっては,既存技術の活用,新規技術の活用,新たなアイデアの具現化などがあります.ベースとなる製品,技術がある場合はその製品から,どのように品質を改良していくかがポイントとなります.新規企画品では,類似製品や想定される基本仕様から開発していきます.製品開発とポイントをまとめると,以下のような品質マネジメントモデルになります.

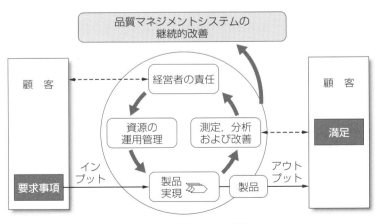

品質マネジメントシステムのモデル(JIS Q 9001)

3.2 課題抽出と開発

　開発計画に制約や問題はつきものですが，発生した問題にのみ集中して解決策を探すあまり，気がついたときには方向性が狂ってしまっていたということもあります．このような状況になったときに，明確なコンセプトを組織内で共有していることにより，原点に立ち戻ることが容易になり，軌道修正も可能になります．

試験計画

　設計，開発の途中で実施される試作機での試験の進め方のポイントを以下に説明します．

① データ収集のための試験か，仮説検証のための試験かを明確にしておく．

・**データ収集を目的としたもの**

　実機に近い耐久性，性能を備えたものとして，比較的長期にわたって検証を実施する．検証と解析に時間を要するため，余裕をもった計画，予算が必要である．得られたデータはサンプル数が多いため，傾向を正確に把握することが可能である．

　　例 雨水の防水を検証する漏水試験，発熱部位の放熱試験

・**仮説検証を目的としたもの**

　部分的な試作によって，設計での仮説を検証する．想定に反した傾向や結果が得られた場合は，その原因を探り，設計にフィードバックする．

　　例 機器の操作性を検証する試験，部品の自動装填性能を検証する試験

② データ解析期間，設計へのフィードバック期間をあらかじめ想定した計画を策定しておく．また，想定に反した結果が出た際の対処方法をあらかじめ考えておく．

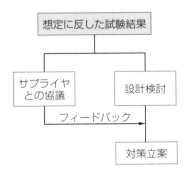

想定に反した試験結果の対応例

▋ 部品供給計画

ボルトや電磁弁，シリンダなどは規格品，既製品を購入して設計に組み入れることになりますので，その部品の価格，供給体制などは事前に調査しておきます．特に新規に購入するものは，実物サンプルを入手して動作速度，強度などをよくみておくことが大切です．

▋ 予算管理計画

設計，生産は決められた予算のなかで進めます．しかし，予算が限られた状況だからといって，品質が落ちないように注意が必要です．結果として製品完成度が低くなっても，それが予算の影響だからとはだれも見てくれません．設計者の責任，設計者の良し悪しと見られてしまいます．限られた予算であっても，そのなかでどれだけのことができるか，は設計者の手腕によるということを理解しておいてください．

▋ 要員計画

設計負荷が重くなってくると，要員が必要になります．人材や人件費は企業にとって無尽蔵にあるわけではありませんので，負荷を早めに見極めて，必要な要員を確保します．また，要員は経験の有無で作業効率が大きく変わってきますので，派遣社員やアルバイトであっても人選は慎重に行う必要があります．

▋ 人材育成計画

ものづくりは人づくりです．一つのものを開発すると，その過程に係わった人材は大きく成長します．したがって，長期的な人材育成を見極めた要員配置，作業負荷を与える配慮が必要です．ただ，こういった内容は設計者個人の権限ではなかなか実現しませんので，必要があれば早めに声を上げて組織で動いておきましょう．

3.2 課題抽出と開発

① 耐用年数や社会情勢など，将来を見据えたなかで耐久性，機能拡張性などの課題を抽出する．
② 意匠（デザイン）は専門家を交えて構築することで，製品価値を大きく向上させることができる．
③ 製品開発では，必要な情報収集，試験，部品供給，予算，要員，人材育成にも配慮することで，組織力を上げることができる．

3.3 基本設計

優先順位の明確化

■ ポンチ絵でイメージをつかむ

　ここまで設計のなかでも企画，構想段階について述べましたが，ここからは製品としての具体的な設計について解説していきます．種々検討してきた内容を整理して**ポンチ絵**を描いてみます．ポンチ絵とは構想図のことであり，作図にはCADを使うことが多くなりますが，自分のやりやすい方法を見つけてください．3DCADでも構いませんし，手描きでも構いません．ここで大切なことは，「きれいな絵」を描くことが目的ではなく，「良い製品を生み出す手段」であるということを忘れないでください．設計者自身が構想してきた内容と，社内で協議してきた内容を融合させた製品を具現化する作業になります．

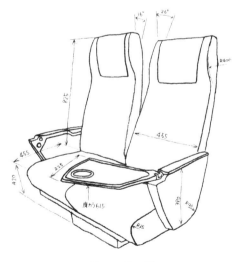

ポンチ絵の例

　基本設計作業では設計者本人がいろいろな工夫をしています．常にメモ用紙を携帯し，良いアイデアをすぐに書き留めている人，机の上に粘土を置いて形を造って確認している人などさまざまです．経験を積んで，より良いものづくりのために，最良の方法を見出してください．

3.3 基本設計

外部環境を整理する

製品の大きさや使用目的で外部環境は変わってきます．このため事前に外部環境を整理して，対処しておきます．外部環境を把握するためには，使われる場所での**現地調査**が必要です．現地をよく見て，状況を観察して対応する仕様にしていきます．主な確認項目を以下に示します．

① **エネルギー供給源** ⇨ 外部電源の位置，空気配管，ポートの位置，高さなど
② **周辺状況** ⇨ 気温，湿度，日差し，雨水など

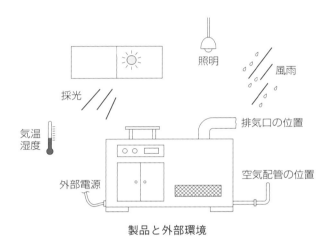

製品と外部環境

③ **動線の確認** ⇨ その製品を扱う人の動線の確認と操作盤の位置，名板の向きなど
④ **視点の確認** ⇨ その製品を扱う人の視点の確認と機器の向きなど
⑤ **搬入，設置作業性** ⇨ 大型機器の場合，据付け場所，搬入ルートなど

意匠設計に配慮する

意匠はとても重要な要素ですので，優先順位を常に上位に置いてください．

また，色を決めるときには色見本などにより十分に検証を行って設計します．色は周囲の機器とのバランスで見え方が変わってきます．慎重に作業を行ってください．

その他に注意すべき点

基本設計に入っても，**組織間の情報共有**を怠らないようにしてください．コンセプトや予算，関係法令などは常に視野に入れて設計を進めることが大切です．

3章 機械設計の手順

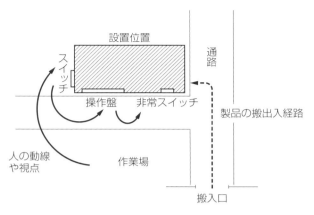

動線，視点，搬出入の検証

仕様の決定

上記のさまざまな条件から設計における**優先順位**をつけていきます．優先順位の振分けも設計者として係わってくる作業になります．またこれによって設計負荷も大きく変わってきます．

設計仕様を考慮した優先順位は，「必要事項」と「重要事項」に分けていくとその振分けが明確になっていきます．「必要事項」とは，法的な規制などの必ず取り入れなければならない要素で，それが製品性能に直接関係するかどうかは別次元での検討になるものです．一方「重要事項」とは，それ自体は設計に盛り込まなくても製品として成立するものの，企業や個人の思想，伝統，こだわりなどから出てくる要素などです．

例えば，「必要事項」は抑えた仕様として「重要事項」を優先することで，付加価値を高めることもできますし，逆に「重要事項」は最低限に絞り込んで，「必要事項」の仕様を優先して満足させることで低コスト化を実現できます．

必要事項と重要事項の区分けについて，具体的には以下のようになります．

① **必要事項** ⇨ 製品を設計するうえで必ず取り込まなければいけないもの．
　　例 自動車のナンバープレート，窓ガラス，シートベルトなど．
② **重要事項** ⇨ 必ずしも設計に取り込まなくても成立するが，製品の価値向上のために盛り込むもの．
　　例 自動車の意匠，色彩，安全に配慮した内装形状，安全装置など．

仕様変更・保全作業性

　必要と重要の区別を見極めたら，その中から**設計要素を選択**していきます．ここまでくると設計者は検討と並行して，機器への組入れ方法を検討する必要がでてきます．設計作業は先を見据え，常に先手で取り組んでください．また，後から**追加仕様**が出てくることもありますので，ある程度想定しながら図面を描いていくことになります．

　例として，大型機械を設計するとき，その機械の周囲で別の作業者が作業を行うことを想定します．周囲の作業者の安全のために手すりが欲しくなることがありますが，装置の筐体に手すりを付けることは強度上難しいかもしれません．しかしこの事態を想定して，機器の床上 1200 mm 程度の位置の筐体裏側にあらかじめ補強板を一枚入れておくことは，さほど難しい設計ではありません．

　設計が進み，随時図面ができあがってくると，その図面を見ながら内容を確認していく作業に入ります．ここで注意しなければならないのが**目線の高さ**です．第三角法で図面を引いていくと，正面図や側面図は，その製品と同じ高さからの目線になります．

　しかし実際には，その製品の設置される高さは図面の目線ではないことがほとんどになります．床に近い位置に設置するものもあれば，頭上に設置するものもあるわけです．図面検討では忘れてしまい，製品が完成して，設置して気づくということもよくあります．ちょっとした気遣いですが，つまみや取手の位置，ふたの開き方向などを設計する際は注意してください．

　設備機械や運搬機器などは，製品の**保全作業性**を考慮して構築していきます．保全作業も，ユーザが実施する簡易な点検から，専門の作業者が実施するも

のまで，幅広くあります．設計する製品の保全作業を把握して設計に反映させます．事前に把握しておく項目の例を下記に示します．

① **点検のためのふたの開閉頻度**

開閉頻度が高い場合はねじの本数，ヒンジ方式の強度検討，ローレットねじの採用などを検討する．

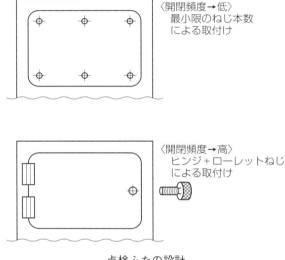

点検ふたの設計

② **作業場所，作業環境の確認**

保全のための工具を確認して，使用するねじを統一する．作業環境を考慮して工具の力を入れる向きと安全性に配慮する．

③ **機器着脱作業性の確認**

制御盤などの機器は，着脱の作業を考えて，補助金具やレールを準備しておくと，作業性が向上する．着脱作業が一人で可能か，二人必要かで作業性は大きく変わってくる．

3.3 基本設計

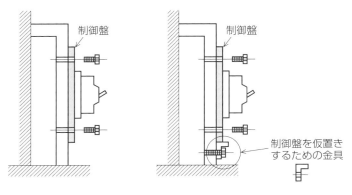

機器着脱のしやすい設計

④ 雨水浸入防止のための工夫

屋外設置機器では，雨水の浸入に配慮する．配管や電線などは雨水を呼び込むので，向きを工夫する必要がある．

雨水浸入を防ぐ設計

使用部品の選定

製品を構成する主要要素機器は，サプライヤからの調達になります．したがって，その選定にあたっては目的とする部品の選定にとどまらず，サプライヤ企業の信頼性などもある程度知っておきたい内容になります．

部品には必ずといっていいほど改廃があります．特に JIS で規格化されていないもの，電気部品などは著者の経験上からも，ほかの製品と比較して改廃が多いと感じます．また，内装材やフィルム材などの改廃も比較的多く発生します．長期間にわたり製造，販売する製品はこういった細かい部品の改廃に配慮した設計が望まれます．

具体的な例としては，筐体に部品を取り付ける設計では，直接取り付けるのではなく，台座を間に入れておけば，異なった部品であっても台座の交換で対応が可能になります．

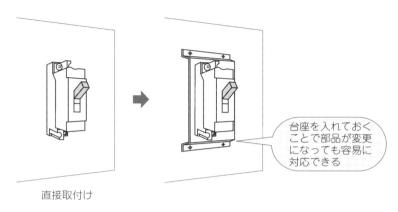

直接取付け

台座を入れておくことで部品が変更になっても容易に対応できる

台座の活用例

選定部品の耐久性が，製品全体の耐久性と同等のものを選定するためには，機械的摩耗，電気接点の容量，樹脂素材の紫外線曝露影響などを考慮します．特に紫外線曝露による影響は時間を経て出てきますので，事前の試験データなどが重要になります．

軸受の設計では，回転軸中心のブレに注意します．転がり軸受でのブレは長期間の使用により，軌道輪にフレーキング（表面剥離）などが発生することがあります．微調整ができる構造に設計するか，または自動調心玉軸受など，ブレを許容する軸受を採用してください．

① 製品の設置場所，使用状況など，外部環境を入念に調査して，設計に反映すること．
② 図面上で製品を見る目線と実際の使用環境で製品を見る目線には差異があるので，設計に配慮すること．
③ 部品は仕様変更が発生することもあるので，仕様の異なった部品交換に備えた取付け方法を考えておくこと．

3.4 詳細設計

詳細設計の進め方

　製品の設計が個々の細かい部分に入ってくると，プロジェクト全体のスケジュールも後半に入ってきますので，進捗に伴う問題も多く発生します．これを一つひとつ解決してその答えを設計に反映していくわけですが，大きな手戻りになることもありますし，そのまま何もせずにしておくこともあります．いずれの場合でも解決の判断を誤らないようにしなければなりませんが，この判断は設計者個人のスキルに依存する部分があります．自分で経験を積むこと，周囲のベテラン設計者の経験談を聴くこと，アドバイスをもらうことなどで，自分自身のスキルを磨き上げてください．

　いろいろな場面で判断が求められますが，前述したように「必要事項」と「重要事項」に分けるとよいでしょう．問題解決の例を以下に示します．

① 予算が足りない

　どのようなプロジェクトでも事前に予算が組まれます．どれだけ予算精度を高めても，実際の費用との差異は生じてしまいます．建築物などで，予算不足や納期遅延が理由で使用部材を不正使用し，社会問題になる事例を聞くことがあります．このような不正は技術者として決して行ってはいけません．仮に組織として間違った方向へ進もうとしても，それを止めるくらいの勇気が必要です．

　予算が不足した場合は，まず原因を調査してください．部品種別が多くなると，予定より多く発注していたり，不要な部品を発注していたりする可能性があります．また，鋼板や電線など長さ単位で購入するものなどは，使用量を再度精査してみましょう．

　予算に関する問題は，製造の上では必要は業務ですが，完成して製品が世に出た以降はほとんど議論されることがありません．したがって，品質を下げるなど，その場凌ぎのごまかしなどをせずに対処するように心掛けてください．

② 納期が間に合わない

　綿密な生産計画，部品納期を計画していても，**納期遅延**は発生します．一つの部品が不足したがために，生産がストップしてしまうことがあります．部品に対して，その部品が納期遅延するリスク，遅延した場合の生産リスクを常に念頭

3章　機械設計の手順

に置いて設計監理してください．家を建てるときに，土台のコンクリートや柱は最初に使いますので，これが遅れると全体が遅れますが，周囲の垣根など付帯品は納期遅延しても何とかすることは可能です．

設計完了の出図も製造順に効率よく対応して，なおかつ部品メーカの担当者と連携して納期遅延リスクを回避するようにしてください．

詳細設計を進めるときにも，設計開始のときに議論したコンセプトなど，主要な案件，内容は常に念頭に置き，方向性が狂わないように軌道修正をしながら設計を進めてください．

設計事例

詳細設計では，ちょっとしたミスが製品不具合の原因になります．ねじの使い方，溶接部の処理，周囲環境との適合など，細かい配慮を忘れないようにしてください．設計における事例を紹介していきます．

▍小ねじ

筐体のふたなど，多くの部分に小ねじを使用します．小ねじの選択として「なべ小ねじ」「さら小ねじ」「丸皿小ねじ」の選択のポイントを解説します．

① なべ小ねじ

頭部がなべ底の形をしています．締結部材と接触する座面は軸部と垂直ですので，穴が多少ずれていても締結が可能です．また，部材の穴が大きく，締結により頭部が沈み込んでしまうような場合は，平座金で防止することができます．一方で，部材に横方向の力がかかった場合にずれてしまうことがありますので，注意が必要です．

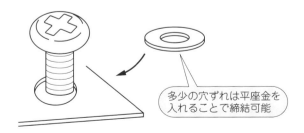

なべ小ねじの使用例

② 皿小ねじ

座面が円すい形ですので，部材の穴にも同じ形状のざぐりが必要です．頭部がくさび状に部材に入って締結しますので，横方向にずれることはありません．下穴，ざぐりは正確に行う必要があります．締結後は頭部が部材と同じ面になるため，蝶番などに多く使用されています．

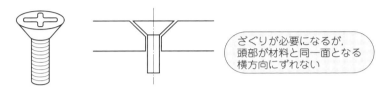

皿小ねじの特長

③ 丸皿小ねじ

皿小ねじと同様に，締結する部材にざぐりが必要です．皿小ねじに対して，若干表面に頭部が出ますが，この出代によりざぐり面のバリに引っ掛かりにくくなり，触感が向上します．また意匠性から使用される場合もあります．

丸皿小ねじの特長

これらの小ねじは一度に多くの本数を使うことが多く，必要強度から呼び径や使用本数を設計するよりは，取り付ける部材のがたつき，密着性などの要因から呼び径，本数を設計することが多いようです．穴開けやざぐり作業も精度が低い場合が多く見られます．このため設計にあたっては，手が触れる場所は丸皿小ねじを積極的に使用すると良いでしょう．コーナ部の内側は工具が入りにくいため，ねじ穴やざぐりが斜めになってしまいます．コーナー部内側を避けたねじ位置を選ぶと良いでしょう．

製造や保全においてねじの締付け作業を行う場合,工具が入りづらい位置では作業時間がかかってしまい,作業者負担,コストが増加します.使用する工具を考慮したねじ位置の選定を心がけてください.

■ ボルト

ボルト締結はあらゆる部分に使用され,また,小ねじと違い,強度に応じた呼び径,強度区分などが選定されます.必要な強度を確保することはもちろんですが,それ以外にも注意すべき点があります.

① ねじの底づき

貫通していないねじ穴の深さに対してボルトが長すぎると,必要な**軸力**(締結力)が発生しない状態でボルトがあたかも締まったように見える状態となります.極端にねじが長い場合は発見も容易ですが,"ちょうどいい"長さの場合はわからないまま工程が流れてしまいます.これはトルクレンチでも発見は不可能ですので,注意が必要です.

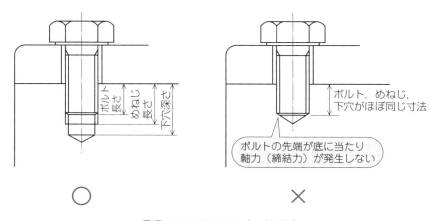

貫通していないねじ穴の注意点

② 不完全ねじ部の長さ不良

ボルトのねじ部の長さは,使用する部位に対して余裕をもって設定します.この長さが不適切だと,底づきと同様に,あたかも締まったように見えて,必要な軸力が得られていない場合があります.部材に開けるめねじは図面上も比較的詳細に指定しますが,ボルトは規格品を用いることが多いため,このような現象が発生するリスクがあります.

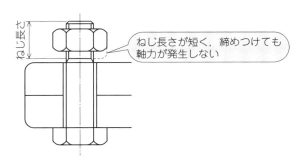

ボルトのねじ長さが不適切

ばね

ばねは大きさや用途の幅が広いので設計でのポイントも多々ありますが，特に注意する点として，そのばねが折れた場合に安全が確保されるかを考えます．

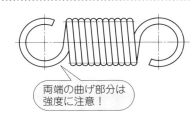

ばねの注意点

ばねは繰返し荷重を受けますが，通常の使用では問題なくても，そのばねが電食などの腐食によって折れた場合を想定して設計を心がけてください．ゴム製品と違い，緩衝機能が破損により著しく損なわれますので，重要部位であれば保護部品を装着することなどを考えます．

また，ばねの末端部など，極度に曲げている部分などは注意が必要です．ただしコストとのトレードオフですので，見極めは慎重に行ってください．

接合

近年，レーザ溶接，摩擦攪拌接合（FSW）など，熱影響を軽減した接合法が実用化されてきていますので，大物部材などの接合にはこれらを積極的に導入するとよいでしょう．アーク溶接では母材が熱影響を受けますので，応力除去焼なましなどの後処理が必要になります．

強度部位では補強のためのリブを溶接で取り付けることがあります．

補助的なものという意識はもたず，強度の解析，検証などを行い，適切に取り付けて，仕上げるようにしてください．

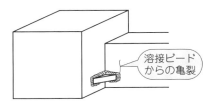

溶接部の注意点

▍結露,雨水

　製品の曝露環境によっては湿度条件が悪い場合があります.まず設計段階で使用環境を見極めます.また併設される電気機器,配電盤などの設置位置が,空調結露や雨水浸入の影響を受けて絶縁低下することのないような対策をあらかじめ実施しておくべきでしょう.

　筐体への結露は,使用環境をシミュレーションで解析して,必要な断熱材を入れます.断熱材は比較的軽量な材料ですので,可能であれば過剰ぎみに入れておくのもよいでしょう.

　隠ぺい部の結露は拭取りができないことから,そのまま放置されますので,カビの発生や悪臭の原因になります.空調機のダクトなども同様ですので,洗浄,清掃作業を考慮した設計が効果的です.

　雨水は配線,配管から伝わって機器に流入することが多くあります.屋外に通じている配線,配管では,117ページの図に示すような水切りを設けておくとよいでしょう.そのほか,排気用の穴などにも注意すべきです.

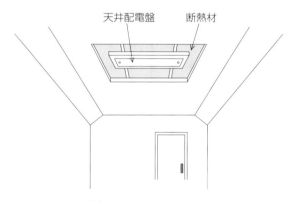

断熱材による結露防止の例

▍樹脂部材と温度

　樹脂部材の加工品では,温度環境の影響による故障が比較的多く発生します.本体部品とのはめあいにおいて,温度低下に伴う収縮により,しゅう動抵抗が増大して製品が機能停止することがあります.

3.4 詳細設計

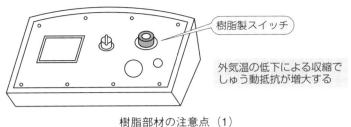

樹脂部材の注意点（1）

　樹脂部材では，長期間の使用により紫外線による劣化が発生することがあります．紫外線曝露環境で使用する部材には注意するとともに，蛍光灯直下に使用する部材は金属製にするなどの配慮が必要です．

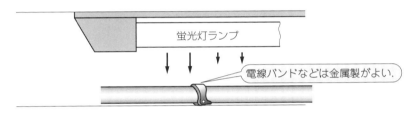

樹脂部材の注意点（2）

■ 共振，疲労破壊

　製品本体に付属した部品を取り付ける設計では，台座やブラケットとしてプレス加工された鋼板が使用されます．小さな軽い部品ですと片持ちのねじ止めで済ませてしまう場合があります．

　静荷重であれば全く問題ありませんが，実際には機械振動などにより，一定の周波数の振動があります．この振動により取り付けた部品が共振し，結果的に

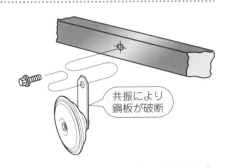

1箇所のねじ止めは共振，疲労に注意

鋼板が疲労で破断することがあります．このようなことが想定された場合は，固定点を2点以上にするか，補助のステーを取り付けると解決します．小さい部品だから，軽い部品だから，といった感覚が命取りとなりますので注意してください．

▍塗装による影響

塗装や表面をコーティング処理した部位はボルトやナット類の緩みに注意してください．塗装面は経年で表面の塗膜が乾燥し，厚みが減少して，締結部の軸力が低下してきます．

追締めにより解決できますが，追締め作業ができない製品は無塗装の素材を使用するなどの工夫が必要です．

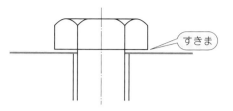

塗膜の乾燥劣化による軸力の低下

塗装によるボルトへの影響

▍加工後の洗浄

ねじなどの切削加工では，切りくずを洗浄してから組立て工程に移ります．組立ての際にねじ穴に切りくずが残留していると，ねじ部への噛込みの原因となり，ねじ山を破壊してしまうことになります．また，ステンレス鋼では焼付きが発生することがあります．切削後の清掃はごく当たり前のことで，通常はわざわざ図面指示することはありません．しかし，特に重要である部分では，図面にて加工後の清掃を指示しておくとよいでしょう．また，めねじ部では下穴を貫通にすることで切りくずの排出を容易にすることができます．

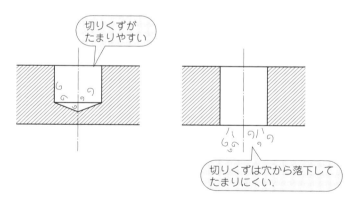

切りくずの洗浄と形状

▍配線，配管の引回し

機械製品に組み込まれる電気配線，空圧や油圧の配管は，どうしても設計が後回しとなってしまいがちです．自動車のエンジンルームの配線のように機械構造物のすきまを通していくようになりますので，固定方法は慎重に設計を進めてく

ださい．特に**振動**を受ける場所，**熱影響**を受ける場所などを通していく場合は，保護材の巻付け，最適な結束位置の検討などを行います．

引回しでは，配線や配管の接続部に注意が必要です．配管のリーク（漏れ）はほとんどが**接続部**から発生します．配線でも端子結合部では緩みなどが発生しやすくなります．こういった接続部は点検しやすい位置に配置するように，引回しを設計します．

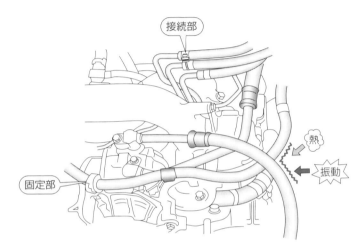

配線，配管の注意点

▍ 強度部材への台座や付属品の溶接

自動車のフレームや鉄道車両の台車など，過大な負荷を受ける構造物では，台座や名板などの取付けによる安易な溶接は避けるべきです．

下図は一例ですが，溶接部に高い応力が発生して，き裂に至ることがあります．

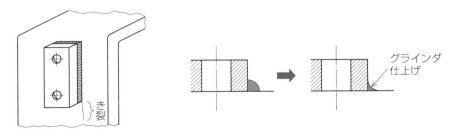

台座，付属品の溶接

どうしても必要な台座であれば、強度の検証を行い、溶接後のグラインダ仕上げなど必要な処理を行ってください.

電気関係の注意事項

機械設計者であっても、電気的な設計知識は必ず必要になります. ここでは電気系で注意すべき設計事例を紹介します.

電気配線では配線の中間部でつなぐと、トラブルのリスクが高まります. そこで、できるだけ中間ジョイントは避け、下図のように端子台などから**独立した配線**で行うようにします.

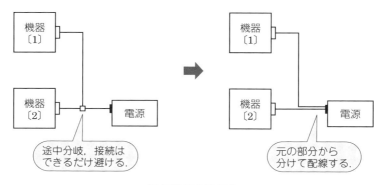

電気配線の注意点

照明器具の位置は、整備作業性と照射方向、ガラスへの反射などを考慮して決めていきます. 対象物をガラス越しに見るような場合は、光源の映り込みに注意してください. 照明器具に限らず、表示ランプなど小さいものでも映り込むと目障りになってしまう場合があります.

ガラスの映込みは事前に把握することが難しいため、シミュレーションを入念に実施し、問題が発生しないガラスの大きさ、角度、光源の位置を選定してください.

① 細かい設計になればなるほど、初心を忘れずに全体を見るように心掛けること.
② ねじ、ばねなどの設計は、意外とミスを犯しやすいので、注意する.
③ 機械設計者といえども正しい電気設計知識を持って、完成度を向上させること.

3.5 デザインレビュー

デザインレビューとは何か

製品の企画，開発，設計などのプロセスでは，その節目にデザインレビューなどの会議が設けられています．デザインレビューとは**設計審査**であり，設計の進捗に合わせ適宜実施されます．出席者は自部門のなかで行われる専門集団で実施されるもの，部門横断的に他部門のメンバと行うものなどがあります．

デザインレビューの目的として，取り組んでいる設計の進捗内容を提示して，不足点を補完したり，不具合点を是正したりすることがあります．各企業においてその会議運営方法は違いますが，大切なポイントは，この会議は意見を出し合う，いわば検討の場であるということです．決してものごとを決める，つまり決裁の場ではないことを認識しておいてください．

デザインレビューへの心構え

会社組織には上下関係があり，一社員としても先輩後輩といった関係があります．また，人事異動によっては全く違う部署から転入してきた人もいます．したがって，互いに気を遣いながら，うわべだけの議論を行っても時間の無駄ですし，まして上部の顔色を見ていても良いものはできません．デザインレビューを効果的に実施するポイントを以下に示します．

> ① 本音で議論する
> ② とことん議論する
> ③ 人の話を聴く
> ④ 昔話はほどほどに，先を見据えた議論をする

　本音で議論する，ということは，裏を返せばきれいごとだけを並べて話をしていても良いものはできない，ということです．設計者は嫌われ者になるぐらいの覚悟で本音の議論をしてください．

　ただし，本音で議論するということはしっかりした信念，思想をもっていないとできません．自分の言いたいことだけを押し通すことは良くありませんが，人の意見で信念がいろいろな方向に揺らぐことも良くありません．

　本音で臨むとともに，とことん議論してください．無駄に会議の時間をかけることは避けるべきですが，終了時間がきたからといって「これでいいや」といった妥協はしないようにしてください．

　会議のなかでは，自分の発言は簡潔明瞭に行い，人の話，意見はしっかり聴いてください．意見を相互に理解したうえで，議論を重ねることが大切です．

　会議では，特にベテランになると昔話を持ち出す傾向にあります．昔話，つまり過去の経験を反映することは大切なことですが，得てして「昔は良かった」という懐古主義に陥る場合がありますので，注意が必要です．過去の事例を持ち出したときには，その後に，それをこれからどう反映していくか，という先を見た議論をするように心がけてください．

デザインレビューへの準備

　デザインレビューは設計の節目で適宜実施されるものです．できる限りスケジュールに組み込んで計画的に実施するようにします．スケジュールに組み込む，ということは設計を効率的に進めるうえでも有効です．

　設計は進めていくなかで，多くの課題，問題にぶつかります．これらは個人の考えで解決できるものもあれば，組織で検討するもの，協力会社，サプライヤとともに検討するものもあります．

　課題解決で大切なことは，「**期限を決める**」ことです．課題は自分のなかで温めすぎると，良い結果が出ることはなくなってきます．デザインレビューの実

3.5 デザインレビュー

施日を目標において，課題を解決できるように進めてください．

一方で，目指した日程で解決できない課題もあります．こういった場合でも，その検討内容の進捗，明らかになっていることをデザインレビューまでにまとめて報告するように決めておけば，その先につなげることができます．

レビュー対象の案件を整理，準備することと同時に，デザインレビュー出席者に対する準備を行います．設計内容を提示する相手が技術者かどうかで，説明する内容も変わってきます．技術者であれば，例えば第三角法で描かれた図面を提示して，技術的議論を深めることができます．一方で広報や営業部門に対するレビューであれば，第三角法での図面では理解するのが難しいので，アイソメ図や仕様書などを用いてわかりやすく説明する必要があります．

デザインレビューだけでなく，会議やプレゼンテーションなど，相手が存在する仕事の準備を行う場合は，**相手を知る**ことを忘れないでください．

デザインレビューで得られるもの

デザインレビューは設計審査です．設計審査というと堅苦しい表現なので，最近ではこのようなカタカナ言葉で呼ばれることが多くなっています．レビュー実施に向けた準備はしっかりと行う必要があり，その準備された資料にもとづき会議運営していきます．

有効な議論を行うことで，設計者個人の考えではわからなかったこと，気づかなかったことなどを知ることができます．どのような案件でも他人の目で見ること，新たな気持ちで見直すことはとても有効なことです．設計品質は「ちょっとした気づき」で大きく向上させることができます．

- ねじ位置をずらすことで外しやすくなる
- 棒を短くすることで確認しやすくなる

- 溶接位置をずらした方が強度向上になる
- 表示ランプの色は視覚障害者にわかりづらい　など

　デザインレビューは意思決定の場ではありません．意思決定は別の手段で行っていくわけですが，意思決定の手順は設計規模によって変わってきます．デザインレビューではその前段として，設計内容を基礎固めする会議ですので，しっかり議論することが大切になるのです．このような会議ですから，権限のある人の顔色を見たりすることは謹んでください．設計者としての自信と傾聴力（人の話を聴く力）で課題を審査してください．

　議論が白熱してくると，我を忘れて盛り上がります．このような状況になったときにこそ，設計者は冷静になることが大切です．どんなときでも設計のコンセプトを忘れることなく，「この製品は誰のために？」を念頭に会議を運営してください．

　会議では**議事録**をとって内容を残します．一方で設計者は会議内容を議事録に頼らず，自分で記録することをお勧めします．相手が話したこと，自分が意見したこと，その時に感じたことなどを自分の言葉で残します．こういった記録は後日議事録と照査して内容の確認もできます．また，たくさんの会議に出ているといろいろな案件が混同しますが，自分で書いた内容を読み返すと，時間を経ても会議を思い出すことができます．

デザインレビュー後の進め方

　デザインレビューで得られた課題，会話した内容は，会議終了後速やかに整理します．この作業を後回しにすることは避けるべきで，したがって，会議のあとはあらかじめ内容整理の時間をスケジュールに入れておくことも良いでしょう．

さて、デザインレビューで浮彫りになった案件は、以下のように要点を絞って整理すると良いでしょう。

① **案件に関連する部署，関係者への確認会話**
　　特に「要望」のような案件は，組織的な希望ではなく，発言者の個人的希望の場合があるので注意する．

② **案件を多角的に議論する**
　　一方的に見てしまうと，落とし穴に気づかないことがあるので注意する．

③ **案件に対する回答，対応スケジュールを策定する**
　　案件の重要性などを考慮し，発言者に内容をフィードバックするとともに，対応する場合のスケジュールを策定して工程に盛り込む．

④ **案件に対応する費用を積算する**
　　案件を実行する場合の金額規模，工程時期を勘案して積算精度を判断する．

⑤ **上記内容にもとづき案件の採否を決める**
　　デザインレビューも製品開発前半の，比較的手戻り損失の少ない時期であれば，変更が生じても大きな問題にはなりません．しかし，後半に来て大きな仕様変更が生じた場合は，必ず以下のように対処してください．

---
① 案件を組織で共有して対応を考え，決して自分一人で悩まないこと
② 経験と信頼のある人に相談すること
③ 対応期限を確認すること
④ 対応費用を確認すること
⑤ 他に良い方策はないか，検討すること

ここで大切なことは，周囲の仲間と会話することであり，決して一人で悩んではいけません．責任を感じることは重要ですが，大きな案件ほど冷静に対応してください．

① レビュー出席者全員が本音で議論できる会議にすること．
② レビューによって，自分ではわからなかった**意外な設計改善**が期待できる．
③ レビューで浮き彫りになった**課題**は，期限を決めて迅速に取り組むこと．

Note

4章
機械設計と機械保全の関係

4.1 機械保全の必要性

故障と保全

　身の回りにある家電製品や機械製品などには，日常の手入れを行いながら使用していくものと，そうでないものがあります．同じ製品でも，購入したばかりの製品が故障した場合は修理に出しますし，長期間使用して経年で故障した（と思われる）ものは，買い替えることになるでしょう．特に購入直後に故障したものは，保証期間であれば無償での修理になります．そうでない場合でも，クレームという形でメーカ責任での修理や交換を依頼することもあります．このように私たちは日常生活でも何らかの形で**保全**を管理しているわけで，これが大型機械でも産業用機械でも，基本的な考え方は同じです．

　自分が手にした製品，自分が設計や製造に携わった製品が故障することは，あまり気持ちの良いことではありません．このように故障には負のイメージがつきまとっているため，設計を行っていても故障のことはあまり考慮せずに進めてしまいがちです．しかし，一方で，故障は減少させることはできても，「0」にすることはできません．製品設計の際にも，故障が発生した場合の想定，ヒューマンエラーが発生した場合の対処，保全作業性の想定などを忘れないでください．そのためにも故障やヒューマンエラー，保全の知識は備えておく必要があります．

バスタブカーブ

　バスタブカーブとは，製品の時間経過に伴う故障頻度を表したものであり，描く曲線が浴槽の形に似ていることから，このように呼ばれます．バスタブカーブを把握し，製品の状態を監視，予測することで適正な保全を行うことができます．

① **初期故障期間**

　　製品使用開始から比較的早い時期に，設計，製造上の欠点，使用環境の不適合などによって起こる故障をいいます．強度不足による材料破損，はめあい不良による動作不良，寒冷環境による凍結などがあります．

② **偶発故障期間**

　　初期故障期間のあと，摩耗故障期間に至る以前の時期に，偶発的に起こる

4.1 機械保全の必要性

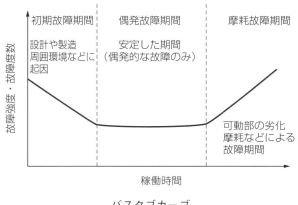

バスタブカーブ

故障をいいます．この時期は故障率がほぼ一定であり，適切な保全により安定した期間です．故障の原因としては製品周囲の一時的外乱によるものなどがあります．

③ **摩耗故障期間**

製品の使用時間の経過に伴って発生確率が増加する故障をいいます．一般に，摩耗だけではなく疲労，劣化現象などによって時間とともに故障率が大きくなる期間です．

故障モードと故障メカニズム

故障とは，設備やシステムが規定の機能を失うこと，規定の機能を満たせなくなる状態，生産品の品質が規定のレベルに達しなくなった状態をいいます．故障の原因を究明し，再発防止を設計に反映するためには，故障モードと故障メカニズムを正しく知ることが重要です．

① **故障モード**

故障状態の形式による分類．例えば，断線，短絡，折損，摩耗，特性の劣化などをいいます．

② **故障メカニズム**

故障発生に至った物理的，科学的，その他の過程などをいいます．

故障モードと故障メカニズム

JIS による定義（JIS Z 8115）

JIS に用いられている保全に関係する用語の定義を以下に示します．

① **アイテム**
部品，構成品，デバイス，装置，機能ユニット，機器，サブシステム，システムなどの総称またはいずれか．

② **故　障**
アイテムが要求機能達成能力を失うこと．

③ **設計故障**
アイテムの不適切な設計によって発生する故障．

④ **製造故障**
アイテムの設計または規定の製造プロセスに対する製造中の不適合による故障．

⑤ **信頼性**
アイテムが与えられた条件の下で，与えられた期間，要求機能を遂行できる能力．

⑥ **ライフサイクル**
アイテムの「要求定義と概念」の段階から「廃却」までの全段階ならびに期間．

⑦ **フォールト**
ある要求された機能を遂行不可能なアイテムの状態．また，その状態にあるアイテムの部分．アイテムの要求機能遂行能力を失わせたり，要求機能遂行能力に支障を起こさせる原因（設計の状態）．

⑧ **保　全**

アイテムを使用および運用可能状態に維持し，または故障，欠点などを回復するためのすべての処置および活動．

⑨ **修　理**

規定の要求仕様を満足しなくなったアイテムを，修理作業によって再び使えるようにする行為．

⑩ **ヒューマンエラー**

意図しない結果を生じる人間の行為．

故障解析

故障解析は発生した事象の故障メカニズム，故障原因，また故障が引き起こす結果を識別するものであり，アイテムの是正処置を決定する活動も含まれます．故障解析を正確に行うことで，より良い保全活動を推進することができます．

① **フォールト解析**

起こり得るフォールトの確率，原因および引き起こす結果を識別し，解析するために行う，アイテムの論理的かつ体系的な調査検討をいいます．故障とはアイテム，つまり部品や構成品，機器，システム，ソフトウェアなどが目的とした機能を発揮できず，能力が低下または機能停止することをいいます．こういった故障に対してその原因をフォールトと呼びます．

② **フォールトの木解析**（fault tree analysis：FTA）

一般に FTA と呼ばれる解析です．アイテムの故障原因を解明する手法であり，発生した事象の発生経路，発生原因および発生確率を樹形図を用いて解析します．

① 不適合や故障，クレームは前向きにとらえ，改善に向け設計に反映させること．
② 発生した故障は，バスタブカーブのどの位置に該当するのかを分析して，設計にフィードバックする．
③ 発生した故障の原因を FTA などの手法で解析し，有効な対策を立案する．

4.2 検査と保全

検査と点検

　検査は生産，販売，運用していくために必要なもので，さまざまな場面で行われています．製品の製造では，作業工程の節目や完成時に品質の検査が実施されます．また，関連する言葉として点検があります．ここではそれぞれの意味を解説します．

① **検査**（inspection）

　必要に応じて測定，試験またはゲージ合せを伴う観察および判定による適合性評価をいいます．適合性の評価ですので，**適否が判定**されます．生産工程では専門の検査員によって実施されることが多く，その判定により品質が保証されます．

　検査は製品の品質を確認，判定する行為ですので，その結果は記録，保存されます．製品不良が発生した場合に，遡って検査記録などを確認できるように，管理しておく必要があります．

② **点検**（check）

　劣化防止とその状況を調べる機能を担う方策の総称です．劣化防止を意図した点検は**日常保全**として実施されます．また，設備の劣化状況を調べるための点検は，予知または予防保全を前提とした**定期点検**として実施されます．

　点検は設備機械など，自社，個人で使用しているものの劣化防止のために実施されますので，通常は設備運転者によって行われます．設備記録簿など点検履歴を明確に残しておくことで，修理，更新時期を把握することができます．

試　験

　検査を適正に実施するためには，試験や測定などが行われ，評価されます．試験には多くの種類があり，製品によって異なります．したがって，大型設備ともなると検査担当者には電気，機械，情報など総合的な知識，技能が必要になります．

　実際に工場などで行われる試験のなかから，ここでは非破壊試験について解説します．**非破壊試験**とは，素材や製品を破壊せずに品質またはきず，埋設物な

どの有無，存在位置，大きさ，形状，分布状態などを調べる試験をいいます．浸透探傷試験，磁粉探傷試験，超音波探傷試験，応力測定などがあり，これらは機械構造物の表面や表層部，内部のき裂の有無，構造物に発生する応力を測定するための試験で，試験結果にもとづき，製品の良否が判定されます．

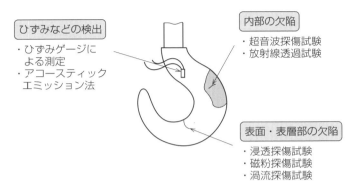

非破壊試験の種類

浸透探傷試験（PT）

材料の表面に発生したき裂を着色して，直接目視で確認できるようにするものです．

① 材料の表面を洗浄したのち，浸透液を塗布する．
② 表面に付着した余剰浸透液を拭き取る．
③ 現像剤を塗布する．
④ き裂内部の浸透液が現像液により可視化される．

浸透探傷試験はアルミニウムなどの非磁性体でも試験が可能です．また，特別な器具が不要ですので，簡易に扱うことができます．一方で，切削跡などが疑似模様として現れることがありますので，判定には経験を要する場合があります．

浸透探傷試験

磁粉探傷試験（MT）

磁粉探傷試験はき裂部位を磁化し，その漏えい磁界に蛍光磁粉を付着させて目視で確認できるようにするものです．表面および表面近傍のき裂に有効です．

① 材料の試験部位を磁化する．
② 蛍光磁粉の入った試験液を塗布する．
③ き裂部位には漏えい磁界によって蛍光磁粉が付着する．
④ ブラックライト（紫外線ランプ）によりき裂が可視化される．
⑤ 試験後は必要により試験部位を脱磁する．

磁粉探傷試験は磁気を利用するため，試験対象は磁性体に限られます．したがって，オーステナイト系ステンレスなど，非磁性体には適用できません．き裂は直接目視で確認でき，模様も明りょうに現れるため，き裂検出には有効な試験です．一方で，き裂の向きと磁束の向きが平行に近くなると漏えい磁界が減少するので，き裂発見は難しくなります．このため，き裂の向きが予測できない場合は，磁化方向を 90°変えて検査を 2 回行います．

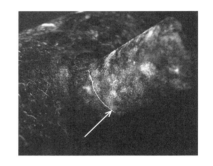

磁粉探傷試験

超音波探傷試験（UT）

超音波探傷試験は試験体中に超音波を伝搬させ，試験体の示す音響的性質を利用して試験体内部のき裂を調べる方法です．パルス反射法として 2 種類の方法があります．

① **垂直探傷法**

超音波を探傷面に垂直に入射し，反射してくる超音波（エコー）をモニタで波形観測します．探傷面に平行な広がりのある欠陥に有効で，鋳物，鍛造品，圧延鋼板などの検査に用いられています．

② **斜角探傷法**

超音波を探傷面に対して斜めに入射し，反射してくるエコーをモニタで波形観測します．探傷面に対し縦方向に広がる欠陥に有効で，溶接部などの検査に用いられています．

超音波探傷試験は波形を観測して判断しますので，欠陥の形状を目視することはできませんが，深さ，大きさは推定することができます．超音波は放射線のような有害性がないため，内部欠陥の検査に広く使われています．

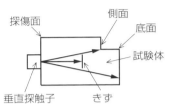 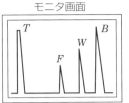

T：送信パルス指示　W：側面エコー
F：きずエコー　　　B：底面エコー

垂直探傷法

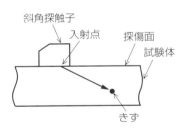 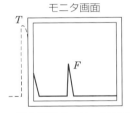

T：送信パルス　F：きずエコー

斜角探傷法

ひずみ測定（SM）

ひずみ測定は，荷重を与えた試験体に生じるひずみ，または応力の状態を調べる試験です．ひずみゲージと呼ばれる箔状の抵抗線を試験体に貼り付けて測定します．外力により発生する試験体の微小なひずみを，貼り付けられたゲージの電気抵抗を測定することで検出します．衝撃荷重から静荷重まで，電気抵抗の変化を連続して観測することが可能で，時間ごとの変化を知ることができます．

一方で金属材料などでは温度変化による影響を受けやすいため，一般には温度補償用ダミーゲージと合わせ，ブリッジ回路により電圧変化として観測します．

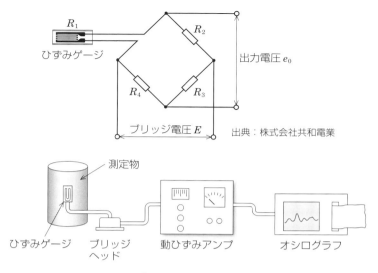

ひずみ測定の回路と構成

保 全

　保全は整備とも呼ばれ，アイテム（製品）を使用および運用可能状態に維持したり，故障，欠点などを回復するためのすべての活動をいいます．また，保全活動は試験，測定，取替え，調整，修理によって，仕様に基づいた機能状態を保つ行為も含みます．

　保全は**予防保全**と**事後保全**に大別されます．予防保全は自動車でいえば車検など定期点検が該当し，故障を未然に防止するための保全です．一方，事後保全は自動車でいえばヘッドライトのランプの断芯などが該当し，故障発見後，修復のために行われる保全です．

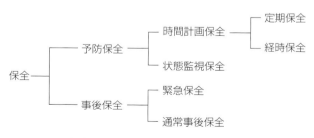

保全の管理上の分類（JIS Z 8115）

■ 予防保全

アイテム使用中の故障の発生を未然に防止するために，規定の間隔または基準に従って遂行し，アイテムの機能劣化または故障の確率を低減するために行う保全です．予防保全は計画的に行われるもので，故障した場合に事故に直結するもの，生産性への影響，損失などが大きいものなどは基準に従って保全活動が管理されています．予防保全は時間計画保全と状態監視保全に分けられます．さらに時間計画保全は定期保全と経時保全に分けられます．

① 時間計画保全

定められた時間計画に従って遂行される予防保全をいいます．時間設定はアイテムの状態，使用状況，故障時の影響度などを考慮して設定されます．保全活動はアイテムの維持，回復が目的ですが，保全作業を行うことで人為的作業ミスなどの発生率は上がってしまいます．また，保全作業はコストの増加を招きますので，過剰な保全はマイナス要素にもなります．このため保全周期は十分なデータにより検証を行い設定する必要があります．

なお，時間計画保全は定期保全と経時保全に区分されます．

- 定期保全 ⇨ 予定の時間間隔で行う予防保全
- 経時保全 ⇨ アイテムが予定の累積動作時間に達したときに行う予防保全

② 状態監視保全

状態の監視とは，アイテムの使用および使用中の動作状態の確認，劣化傾向の検出，故障および欠点の確認，故障に至る経過の記録および追跡などの目的で，ある時点での動作値およびその傾向を監視する行為をいいます．監視は連続的，間接的または定期的に点検，試験，計測，警報などの手段または装置によって行います．これらの状態監視に基づく予防保全を状態監視保全といいます．

航空機や鉄道車両，自動車などは予防保全による管理が徹底しています．小さな故障でも大きな事故に発展する可能性があることから，検査の基準は法律で定められており，運営する事業者はこの法律と，それに基づく社内の基準によって保全活動を行っています．

例えば電気鉄道における車両保全では，予防保全レベルを段階に分けて定めています．一例として6日に1回行う「列車検査」では，ブレーキ，パンタグラフなどの摩耗部品のチェック，交換，各部動作試験などを行います．3ヶ月に1回

行う「月検査」では，各部品を細かく確認し，総合的な性能確認検査を行います．4年に1回行う「重要部検査」では，重要機器を車両から外し，個別に試験，検査を行います．8年に1回行う「全般検査」では，車両部品の全般を車両から外し，細かい検査を行います．

事後保全

アイテムに故障が発見されたあとに，その故障を取り除き，要求機能遂行状態に修復させるために行われる保全です．事後保全は緊急保全と通常事後保全に分けられます．

① 緊急保全

通常は予防保全として保全活動を行っている設備などが，突発的な故障の発生により行われる保全をいいます．

② 通常事後保全

故障が発生しても大きな危険や損害がないもの，軽微なものに適用されます．通常事後保全により保全コストを減らすことができます．

① 検査，点検結果は検査成績表などに記載して，いつでもわかるようにしておくことで，設計変更に反映することができる．
② 製品の保全環境を把握し，予防保全か事後保全かを明確にして，設計に反映させること．
③ 事後保全を積極的に取り入れ，保全コストや廃棄物の削減を目指す．

4.3 信頼性の基礎知識

信頼性の付与

アイテムには一定の信頼性を付与して設計を行います．信頼性の度合いは，設計するアイテムの使用条件，要求される耐久性，安全性などによって変わってきますが，信頼性を向上させることはコストとのトレードオフとなります．

下の図は掛け時計の例です．この時計にどの程度の信頼性を付与すべきか考えてみるとこのようになります．

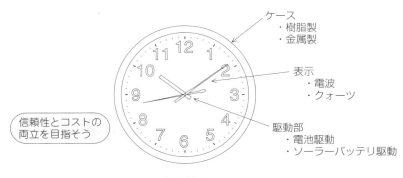

信頼性とコスト

信頼性の付与は一定の評価に基づいて行いますが，細かいところへの配慮は設計者の判断になってくることがあります．このあたりは設計者の経験と勘で判断される場合もありますが，ちょっとした配慮が事故の未然防止につながることにもなります．

例
- 軸の段付き部分をR加工しておく
- ボルトが破断しても部品が落下しない（引っ掛かる）構造にしておく
- 乱暴に扱われそうな部品は強度をアップしておく
- 湿度環境による腐食を考慮して鋼材の強度アップしておく

4章　機械設計と機械保全の関係

信頼性用語の基礎

　信頼性に関する用語は，JIS Z 8115においてディペンダビリティ（信頼性）用語として定義されています．用語の分類として，共通，信頼性，故障，アイテムの状態，保全性，アベイラビリティ，時間，設計，解析，試験・検査，管理，分布，安全，システム，ソフトウェアがあります．ここでは基本事項について抜粋します．

① **ディペンダビリティ**

　アベイラビリティ性能およびこれに影響を与える要因，すなわち信頼性性能，保全性性能および保全支援能力を記述するために用いられる包括的な用語．ディペンダビリティは非定量的用語として一般的記述に限り用いられる．

② **アイテム**

　ディペンダビリティの対象となる部品，構成品，デバイス，装置，機能ユニット，機器，サブシステム，システムなどの総称またはいずれか．アイテムはハードウェア，ソフトウェア，または両方から構成される．さらに，特別な場合は人間も含む．

③ **アベイラビリティ**

　要求された外部資源が用意されたと仮定したとき，アイテムが与えられた条件で，与えられた時点，または期間中，要求機能を実行できる状態にある能力．

④ **ストレス**

　アイテムが受ける影響で，そのふるまいにかかわるもの．影響には電圧，温度，湿度，機械的応力などが含まれる．ストレスを加えても信頼性は必ずしも低減しない．

⑤ **耐久性**

　与えられた使用および保全条件で，限界状態に到達するまで，要求機能を実行できるアイテムの能力．アイテムの限界状態は，有用寿命の終わり，経済的または技術的理由による不適応，もしくはその他の関連要因によって特徴づけられる．耐久性について数量で評価した場合を耐久度という．

⑥ **エラー**（誤り）

　計算，観察，または測定値もしくは条件と，特定されまたは理論的に正しい値もしくは条件との間の不一致．エラーは故障要因によって発生し得る．

例えば，計算エラーは系の構成要素であるソフトウェア，部品，装置などが故障し，それが原因で発生する．

⑦ **ヒューマンエラー**

意図しない結果を生じる人間の行為．

⑧ **信頼性（信頼性性能）**

アイテムが与えられた条件の下で，与えられた期間，要求機能を遂行できる能力．一般に，使用開始の時点で，要求機能が実行できる状態にあることを仮定する．

⑨ **信頼性設計**

アイテムに信頼性を付与する目的の設計技術．

⑩ **冗　長**

アイテム中に，要求機能を遂行するための二つ以上の手段が存在する状態．アイテムが要求機能を実行するのに十分な手段，またはデータが情報を表現するのに十分な手段以外に，さらに別の手段をもつ状態．

近年，コンピュータによる制御が一般化し，扱うデータも大容量，高速化しています．このため，信頼性もソフトウェアに依存する場合があります．ソフトウェアの場合は，運用経過時間中に発生する故障要因（バグ）の修正と変更で改善されていきます．物理的な経年での劣化がないことから，信頼性は経過時間とともに向上していきます．

信頼性と設計

▍故障率

故障率は故障によって設備などが停止した割合をいいます．故障率は故障強度率および故障度数率に分けられ，一般的に故障率といった場合は故障強度率を指します．

$$故障強度率〔\%〕=\frac{故障停止時間の合計}{負荷時間の合計}\times 100$$

$$故障度数率〔\%〕=\frac{故障停止回数の合計}{負荷時間の合計}\times 100$$

（負荷時間＝全動作時間＋停止時間）

故障強度率は停止時間の割合ですので，設備故障によって発生したロスを評価

するものです．故障度数率は故障の発生頻度を評価するものです．

平均故障間隔

故障した設備が修理されたあと，次に故障するまでの動作時間の平均値を平均故障間隔（MTBF：mean time between failures）といい，次式によって表します．

$$\text{平均故障間隔（MTBF）} = \frac{\text{動作時間の合計}}{\text{故障回数の合計}}$$

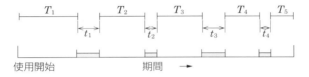

MTBF の概念

MTBF は設備の稼働状態を把握する指標であり，この数値が高いほど設備は安定して稼働しています．

平均修復時間

故障した設備を運用可能な状態へ修理するために必要な時間の平均値を平均修復時間（MTTR：mean time to repair）といい，次式によって表します．

$$\text{平均修復時間（MTTR）} = \frac{\text{故障停止時間の合計}}{\text{故障停止回数の合計}}$$

MTTR は修復時間の平均であることから，故障時の修復即応性，設備停止損失の低減に対する指標になります．発生した故障の原因は小さな事象であっても，その部品を交換するための作業に多くの時間を割いてしまうことになると，MTTR は上昇してしまいます．消耗品や故障率の高い部品を交換しやすい設計にすることが必要です．また，コンピュータのソフトウェアに関連する故障では，対応がソフトウェアの書換えによって行われることも多く発生します．

このような機器では，コネクタの取付け位置を接続しやすい場所にすることで外部コンピュータとの接続作業が容易になり，MTTR を低減させることができます．

フォールトアボイダンス

製造，設計などにおいて，アイテムおよび構成要素にフォールトが発生しない

ようにする方法または技術をいいます.

フォールトトレランス

放置しておけば故障に至るようなフォールトや誤りが存在しても,要求機能の遂行を可能にするアイテムの属性をいいます.

フェールセーフ

アイテムが故障したとき,あらかじめ定められた一つの安全な状態をとるような設計上の性質をいいます.

フールプルーフ

人為的に不適切な行為または過失などが起こっても,アイテムの信頼性および安全性を保持する性質をいいます.

ディレーティング

アイテムのストレス比の低減のこと.信頼性を改善するために,計画的にストレスを定格値から軽減する行為をいいます.主に電気設計で使われる言葉で,機械設計では安全率と同じ考え方になります.使用する電気部品の定格電圧,電流に対して余裕をもった使い方をすることです.

例えば,電源装置では,使用環境温度が上昇すると信頼性が低下しますので,高温環境下で使用する場合は出力を定格より下げて使います.ディレーティングカーブという性能曲線に基づき出力を決めます.ブレーカのような保護機能ではありませんので,設計段階で電流容量の見積りと使用環境の把握を行って必要性能と余裕分を決めていきます.

① 信頼性はコストとのトレードオフなので,過剰な付与は避けて,最適設計を目指す.
② 平均修復時間(MTTR)を意識した設計で,修復作業性を向上させる.
③ フールプルーフ設計によって,人為的に不適切な扱いがあっても,安全に故障回避できる構造を念頭に置くこと.

4.4 品質管理

製品の製造において,品質を管理することは非常に重要なファクタです.品質低下によってもたらされる損失は,ブランドや企業イメージの低下とも直結することは,自動車業界でのリコールをみれば一目瞭然です.品質管理は製品製造の過程,もしくは完成時の検査によるものととられることがありますが,実際には設計段階から大きくかかわってきます.設計品質を向上させていくために,品質管理全般を理解しておくことが必要になります.

本節では品質管理にかかわる基本的な内容を解説します.

特性要因図

特性要因図とは,特定の結果と原因系の関係を系統的に表した図をいいます.特性要因図は,製品や性能などに対しその要因を細分化して明確にすることが可能です.

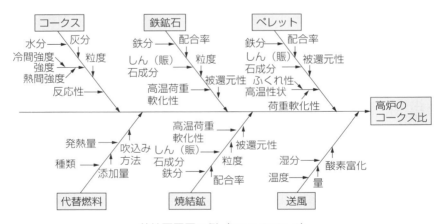

特性要因図の例(JIS Z 8101-2)

度 数

製品管理や品質管理では,個々の製品に対して測定値や特性データを数値把握することが重要です.データの大きさではなく,出現数(発生回数など)のことを「度数」といいます.

ヒストグラム

ヒストグラムは度数分布の一種で，度数分布表を柱状グラフにして，横軸に測定値の級の値，縦軸に度数を目盛り，各級に属する度数を柱の高さで示すものです．ヒストグラムによって製品の平均値，ばらつきなどを知ることができます．

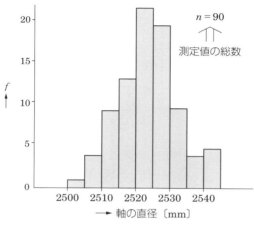

ヒストグラムの例

ヒストグラムは計量値データを統計的に解析して中心傾向，出現度数の幅，範囲，形状を表すことができ，これにより以下の事項などに使用できます．

① 分布形によって工程の異常を認知する．
② 中心傾向によって規格，標準値の適合を確認する．
③ 層別したヒストグラムによって，かたより，ばらつきを認知する．

正規分布と「3σ」

工業的に大量生産される部品などは，工程のなかで適合，不適合品が判別されます．判定の基準となる製作誤差などは膨大なデータ個数で，これを線図に表すと，そのばらつきは平均値を中心に左右対称のつりがね型カーブを描くことが知られています．これは正規分布と呼ばれ，この正規分布をもとに評価を行い，製品のばらつきが単なる誤差なのか，原因が潜在しているのかの判断に使われます．

正規分布では，$f(x)$ において x が平均値 μ の値をとるとき最も大きく，x が μ から離れるほど小さくなり，左右対称の形をとります．平均値から左右に標準

偏差 σ で $\mu \pm \sigma$, $\mu \pm 2\sigma$, $\mu \pm 3\sigma$ と分けていくと，分布曲線の面積の割合は下表のとおりになります．

3σ では分布の **99.7%** を占めており，工程が管理されていればほとんどがこの範囲内に入ります．これを一般的には「**3σ 限界**」と呼び，この範囲内でデータに偏った特性などがなければ，工程は安定していると見ることができます．

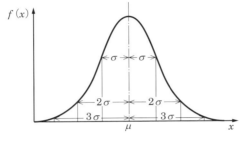

σ	68%
2σ	95%
3σ	99.7%

正規分布と面積の割合

▍パレート図

　パレート図とは，不適合項目や不良項目などを項目別に分類し，出現頻度を大きさ順に棒グラフに示し，併せて累積和を折れ線グラフで示した図をいいます．

　パレート図は，改善すべき事項（問題）の全体に及ぼす影響の確認，および改善による効果の確認に使用します．この技法によって「多数の些細な事項」ではなく「少数の重要な事項」が明確になり，対策を集中することができます．

　パレート図による分析を実施する前にはチェックシートなどによって，問題の状況に関連するデータを収集します．また，パレート図によって実際に解決すべき少数の重要な事項を示したあと，特性要因図によって原因を見出すことができます．

　右表は組立て工程の不適合原因の一例です．一定期間の不適合品を原因別に分類し，原因別度数を多い順に棒グラフに，累積度数を折れ線グラフに表したものが右図になります．

　このパレート図により，寸法不適合，ねじかじり，穴位置違いによる不適合だけで，不適合全体の 86% を占めていることがわかります．したがって，この三つの原因を重点的に対策することで不適合品は大幅に減少することがわかります．

4.4 品質管理

不適合品累積度数の例(JIS Z 9041-1)

不適合の原因	度　数	相対度数〔%〕	相対累積度数〔%〕
寸法不適合	271	48.7	48.7
ねじかじり	147	26.4	75.1
穴位置違い	62	11.1	86.2
加工忘れ	25	4.5	90.7
組立不適合	22	3.9	94.6
溶接不適合	11	2.0	96.6
その他	19	3.4	100.0
合　計	557	100.0	

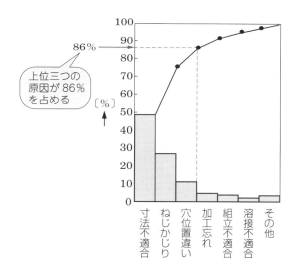

パレート図の例(JIS Z 9041-1)

散布図

散布図は一対のデータ,例えば,外気温と湿度などを x 軸と y 軸にとり,それぞれの交点をプロットして相関をつかむための図です.散布図は次の点に注意して読みます.

① 点が右上がりの傾向があるか,右下がりの傾向があるかを見る.
  ・右上がりの傾向があるときは,x が増加すれば y も増加する関係がある.
  ・右下がりの傾向があるときは,x が増加すれば y は減少する関係がある.
② 点が上記の傾向線からどのくらいばらついているかを見る.傾向線からの

ばらつきが少ないほど関係が強く,傾向線からのばらつきが大きいほど関係は弱くなります.

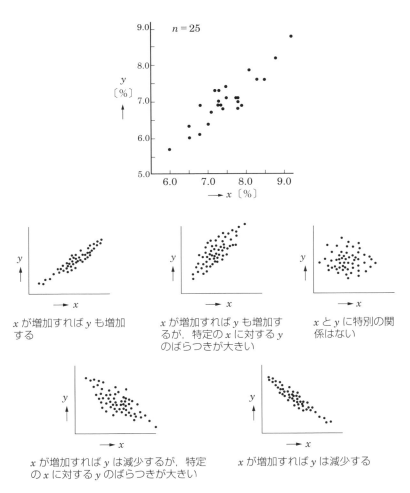

散布図の例（JIS Z9041-1）

鋼材の処理温度と引張強さなど,対になった測定を行った多数の測定値は表にしただけでは十分な情報をつかみにくいですが,散布図に表すと情報がつかみやすくなります.

シューハート管理図

同じ部品を大量生産していても,全く同じ製品というものはありません.大小

はあるものの，かならずばらつきが存在します．そのばらつきが誤差の範囲で収まっているものなのか，どこかに原因があるもの（異常）なのかを判断する基準の一つがシューハート管理図です．シューハート管理図は管理限界線を計算し，ばらつきがその範囲内であるならば工程は安定しており，範囲から外れた場合は必要な処置をとります．このように，ばらつきに明確に区別をつけることで，工程調節の要否を判断します．

シューハート管理図は，ほぼ規則的な間隔で工程からサンプリングされたデータを必要とします．間隔は時間または量によって定義します．通常はサンプリングされたデータの平均値を用います．管理図には下図に示すとおり，中心線の上下両側に統計的に求められた二つの管理限界線があります．これらはそれぞれ，上方管理限界（UCL），下方管理限界（LCL）と呼ばれます．

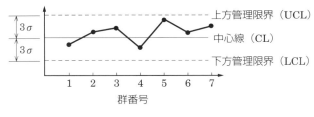

管理図の例（JIS Z 9021）

シューハート管理図の限界線は中心線（CL）から上下両側へ 3σ の距離にあります．工程が統計的管理状態にある場合に，その限界内に近似的に99.7%の打点値を含みます．つまり，ばらつきが範囲を外れる危険率は0.3%ということになります．

この 3σ を外れた場合は処置をとる必要があることから，3σ 管理限界は「**処置限界**」とも呼ばれています．また，2σ 限界を超えた打点は処置限界に近づいているという警戒としてとらえることができます．このため 2σ 管理限界を「**警戒限界**」とも呼びます．

作業の標準化

生産工程では，作業条件や使用設備などに基準を規定することで，作業者の違いによるばらつきを軽減することができます．作業を標準化するためには，**作業標準**を策定する必要があります．作業標準は，製品または部品の製造工程全体を対象にした作業条件，作業順序，作業方法，管理方法，使用材料，使用設備，

作業要領などに関する基準を規定したものです．

　作業を標準化するための標準時間とは，その仕事に適性をもち習熟した作業者が，所定の作業条件のもとで，必要な余裕をもち正常な作業ペースによって仕事を遂行するために必要とされる時間です．標準時間の構成は以下のとおりになります．

標準時間の構成（JIS Z 8141）

　標準時間は用途，構成，必要とする精度などを考慮して設定します．標準時間設定法には，ストップウオッチ法，PTS法，標準時間資料法，実績資料法，経験見積り法があります．PTS法は人間の作業を基本動作にまで分解し，その性質と条件に応じて，あらかじめ決められた基本となる時間値から，その作業時間を求める方法です．

作業の維持と安全管理

安全管理

　生産現場において事故および災害を防止するために，計画を立て，実施するための活動を安全管理といいます．安全管理業務の具体的内容として以下の項目があります．

① 建築物，設備，作業場所または作業方法に危険がある場合の措置
② 安全装置，保護具その他の危険防止施設の定期的点検および整備
③ 従業員への安全教育
④ 事故または災害の原因調査および対策の実施
⑤ 消防，避難
⑥ 安全関係重要事項の記録と保存

4.4 品質管理

▌5S（ごえす）

職場の管理の前提となる整理，整頓，清掃，清潔，しつけについて，日本語ローマ字表記の頭文字をとったものです．それぞれ以下の意味をもちます．

① **整　理** ⇨ 必要なものと不必要なものを区分し，不必要なものを片付ける．

② **整　頓** ⇨ 必要なものを必要なときにすぐに使用できるように，決められた場所に準備しておくこと．

③ **清　掃** ⇨ 必要なものについた異物を除去すること．

④ **清　潔** ⇨ 整理，整頓，清掃が繰り返され，汚れのない状態を維持していること．

⑤ **しつけ** ⇨ 決められたことを必ず守ること．

安全管理や 5S の実践は現場のものと考えがちですが，設計者にとっても大切です．これらは会社全体で意識し，維持していくことが重要です．設計者も現場に出て，現場作業者に教えられることが多くあります．安全意識が欠落した状態では，現場作業者からの信頼も得られません．常に安全第一を意識してください．

> ① 品質管理の手法を理解することで，製品寸法や使用部品の寸法公差に反映し，コスト削減と作業効率向上を目指す．
> ② パレート図は比較的容易に作成でき，しかも不適合品の的確な見極めが期待できる．
> ③ 作業の標準化を推進することで，作業者の違いによるばらつきを軽減できる．

Note

5章
機械設計の重要ポイント

5.1 発想から設計へ

　日常の生活や仕事のなかで，私たちは多くの電気製品，機械製品を使っています．これらの何気なく使用している製品も，あらためて考えれば一つひとつが企業の設計者によって企画，設計されているわけです．

　一方，本書の読者のなかには，機械工学，機械設計を学ぶ学生の方もいることと思います．みなさんは，企業の設計者は，毎日どのような作業を行っているか想像できるでしょうか．著者は学生時代，企業の設計者は毎日遅くまで，黙々と強度計算などを行い，図面を描いていると想像していました．当時はまだ1980年代でCADも一般的ではなく，T定規と製図板，三角定規の時代でした．企業人となり，設計の仕事に携わってみると，この仕事の幅の広さには本当に驚かされました．機械工学の知識だけでは到底足りず，電気電子の知識，資材調達やコストの知識，与信管理，人間関係など，大げさかもしれませんが，おそらく一生学んだとしても「これで大丈夫」ということにはならないでしょう．

設計者の必要要件

① **機械，電気，建築，音響など工学の知識** ⇨ 幅広く基礎を学び，「知識の引出し」を多くもっておこう．
② **創造力** ⇨ 新しい発想，創造のために，体力，知力を鍛えておこう．
③ **作図スキル** ⇨ フリーハンドで素早く綺麗な図面を描けるようにしよう．
④ **工具，機械加工の知識，経験** ⇨ ものづくりにもどんどん挑戦しよう．
⑤ **材料コストの知識** ⇨ 素材の価格意識をもって，低コスト設計を進めよう．
⑥ **美術，芸術分野の基礎知識** ⇨ 誰もが心地よく使えるもの，ヒントは芸術にあり．
⑦ **人間性，コミュニケーションスキル** ⇨ 問題が起きても一人で悩まない．支えてくれるのは家族，恩師，仲間です．
⑧ **遊び心** ⇨ どんなものでも遊び心をもって挑戦しよう．

5.1 発想から設計へ

「学校で学んだ技術が社会，企業で役に立つのか？」学生だったら誰もが一度は考えることではないでしょうか．答えは Yes です．学校で学んだことは，会社に入って役立ちます．

学校では設計だけでなく，材料力学や計測工学，制御実験などさまざまな学びがあります．そこでは愛情と情熱を持った指導者や仲間とともに，自己を高めていくことができます．一方で，会社に入ると，学生以上に組織の一員としてあらゆる束縛があります．技術採用で入社しても，会社の事情で営業や財務を担当する可能性だってあります．どのような担当になったとしても，会社では給料をもらって仕事をするのですから，「知らない」「できない」では許されません．配属が決まったその日から，好きも嫌いもなく，担当業務を学び，こなしていかなければなりません．そのような毎日では，学校で学んだことなど，使うことはないのです．では，なぜ，学校の勉強が役に立つのでしょうか．

日々の仕事のなかで，突発的に起こる事象があります．それは取引先，社内での会議，納入先の納品機器の故障など，場面はさまざまです．こういったイレギュラーな案件で，知識の引出しを多くもっている人，普段から勉強を怠らない人が輝いてきます．例えば，顧客との商談であっても，手際よくポンチ絵を描き，説明ができれば，個人としても会社としても信頼されることでしょう．学生のみなさんはぜひ，幅広く多くを学んでください．

構想を考える力，発想力は日ごろから訓練することができます．一つの具体的な方法として，何か解決したい課題があったら，どんな方法でも構わないので，できるだけ多くのアイデアを出し，列記してみてください．

発想事例

課題 自動連結器は切り離す場合も自動化したい．

解説 鉄道車両の自動連結器は，停車している車両に，連結する車両をゆっくり当てるだけで，自動的に錠が落下し連結することができます．このため，機関車の運転士が地上で補助する人の手を借りずに作業を行うことが可能です．しかし逆に車両を切り離す場合には，落下している錠を持ち上げる補助者が必要になってしまいます．

解決策

自動連結器は，実は切離しを行う場合も自動でできるように考えられていま

5章　機械設計の重要ポイント

す．地上側に補助者がいる場合は，上述のとおり補助者が連結器の錠を持ち上げた状態から切離し作業を行います．一方，運転士一人だけでも，安全に切離し作業を行うことが可能です．

　切り離す場所の連結器のどちらか一方の錠を持ち上げ，さらに錠を上端まで持ち上げると，錠の下部が錠室の縁に引っ掛かり，錠は手を放しても上がった状態

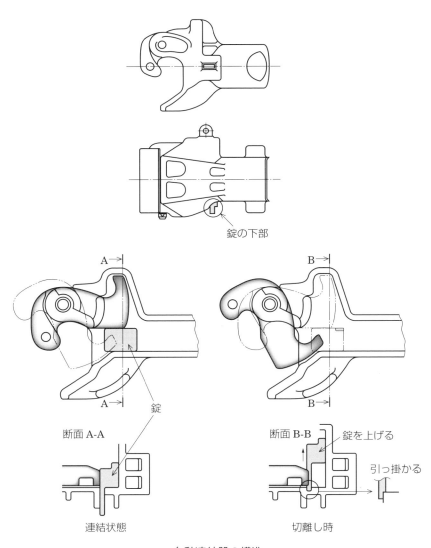

自動連結器の構造

5.1 発想から設計へ

を維持します．このまま機関車をゆっくり動かせば，連結を切り離すことができます．

現在，連結器は，その種類も増えましたが，この切離し方法の考え方はいろいろな構造で踏襲されています．先人の知恵には学ぶことがたくさんあります．

課　題　鉄道車両の重さを測りたい．

解　説　鉄道車両は，新車として完成したときに重量を実測します．また，同時に各車輪にかかっている重量バランスを測定します．これを輪重と呼んでいます．著者の経験で 10 年以上前になりますが，鉄道事故の対策として輪重を管理することになりました．輪重は新車完成時にメーカで測定を行いますが，その後は管理されていませんでしたので，整備工場でも，輪重を測定する装置はありませんでした．すぐにでも測定を開始したい状況でしたが，新たに測定器を設置するためにはレールを切って，その間に荷重計を組み込んだレールを入れなければならず，その工事は数か月かかる状況でした．

解決策

とにかくアイデアを出してみることにします．

・車両をクレーンで吊り上げて，クレーンの梁のたわみ量を測る．
・レールに金属片を置いてその上を通過させ，金属片の潰れ具合で測る．
・通過時の軌道（線路）の沈み量で測る．
・下図のとおりレールにひずみゲージを貼ってひずみ量から推定する．

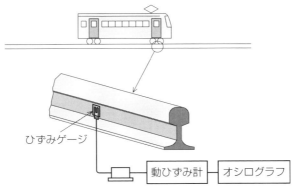

レールせん断ひずみによる荷重計

5章 機械設計の重要ポイント

　検討の結果，レールにひずみゲージを貼って，レールのひずみ量から推定してみることにしました．ひずみゲージを，レベルの出ている軌道のレールに貼って測定してみました．列車を通過させると，波形としてチャートに記録することができたのです．あとは，あらかじめ荷重のわかっている車両を通過させて波形校正を行い，輪重を測定することができました．

　この方法はその後，文献を調べていくなかで，クロスゲージという特殊なひずみゲージを貼ることで，きれいな波形で観測できることもわかり，大いに活躍しました．

① 設計者は工学などの専門知識だけでなく，幅広い発想力や遊び心を大切にする．
② ときには一つの製品の開発経緯や技術変遷を調べ，先人の知恵に学ぶ機会をもつ．
③ 新たな発想を探すときは，既成概念にとらわれず，自由にたくさんのアイデアを出す．

5.2 製品の安全性

安全第一

　生産現場や工事現場では「安全第一」という標語をよく見ます．安全第一とは文字通り「安全」を「第一」に考える職場づくりを指していますが，この考え方はそのままものづくりにも通じます．安全第一は100年ほど前にアメリカの製鉄会社で始まった考え方です．生産性や品質よりも，そこで働く作業者の安全を最優先に取り組んだ結果，災害が減少しただけでなく，生産性，品質も向上したことから，世界的に広まった標語です．

　良い製品は良い生産現場，良い設計者から生まれてきます．したがって，生産に携わる人すべてが快適に，一生懸命作業に集中できる雰囲気こそが大切になるわけです．職場の安全は一人ひとりの心がけと同時に，組織としての取組みが大切ですので，人と人との連携によって，相乗効果を発揮します．

製品事故の推移と原因

　多くの機械，家電製品に囲まれている現代では，同時に製品事故も絶えることがありません．設計者として安全を意識する場合，対象となる部分はどこになるかを考えてみます．次ページの図は消費生活用製品の事故件数の年度別推移です．家庭用電気製品の事故が約半数を占めており，そのほとんどが火災です．その発端は電気配線の不良や発熱体の取付け不良など些細なことですので，設計や製造の段階で防止することが可能です．

製造物責任法と安全性

　製造物責任法は製品の欠陥によって生命，身体，財産に損害を被ったことを証明した場合に，被害者が製造会社などに対して損害賠償を求めることができる法律です．この法律の目的は製造業者，消費者相互の自己責任を踏まえながら，安全な消費生活を実現することにあります．製品の事故を防止する正しい使い方を消費者に知らせることが必要になりますので，製品に付属する取扱説明書には安

5章　機械設計の重要ポイント

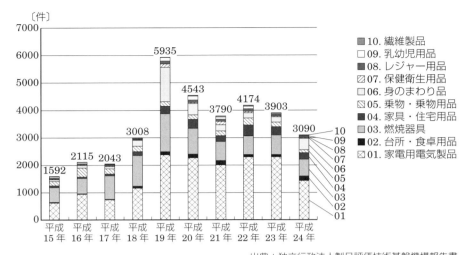

出典：独立行政法人製品評価技術基盤機構報告書

事故件数の年度別推移

全に関する必要事項が書かれていなければなりません．取扱説明書はこういった意味で製造者にも大切なものになります．

ところで，家電製品などを購入すると，取扱説明書には安全に関する注意事項などがびっしり書いてあります．また，製品にも注意を促すための名板，表記などがたくさん貼り付けてあります．しかし，そのほとんどは読みやすいとはいえません．

製品に表示される注意名板の取付け位置は，設計の最後に考えることも多いことから，どうしてもベタベタ貼り付けるような感があるものの，これが最良の方策だとは思えません．企画の段階の早い時期から安全に配慮した設計を心がけ，最大限の注意を払い，必要になった注意名板，表記は本当に消費者にわかりやすく，安全に使ってもらえる位置に掲出するように心がけましょう．

① 良い製品は安全で働きやすい職場から生まれてくる．設計者であっても安全第一は忘れずに．
② 電気部位に起因する製品発火が多く発生しているので，電気配線やコネクタ性能，可燃性材料の選択に注意する．
③ 注意名板は使用者の安全のため，明りょうなデザインで見やすい位置に設置すること．

5.3 効率の良い業務管理手法

　ここで効率化について考えてみます．業務の効率化は，設計者にとっても必要なことでありながら，なかなか実践できない課題でもあります．比較的簡単に実行できて，効果の高い方法をいくつか紹介します．毎日仕事に追われている方は試してみてください．

5Sと効率化

　4.4節のなかで解説した5Sは非常によくできた考え方です．作業安全だけでなく業務の効率化にも大きく寄与できます．ぜひ職場で取り入れてみてください．5Sについて，もう一度ここで復習します．

▍5Sとは（JIS Z 8141）

　職場管理の前提となる整理，整頓，清掃，清潔，しつけについて，日本語ローマ字表記で頭文字をとったもの．

① **整　理** ⇨ 必要なものと不必要なものを区分し，不必要なものを片付ける．
② **整　頓** ⇨ 必要なものを必要なときにすぐに使用できるように，決められた場所に準備しておくこと．
③ **清　掃** ⇨ 必要なものについた異物を除去すること．
④ **清　潔** ⇨ 整理，整頓，清掃が繰り返され，汚れのない状態を維持していること．
⑤ **しつけ** ⇨ 決められたことを必ず守ること．

　整理は，廃材や破損工具など不要なものを片付けることです．片付けるということは処分することです．整理を実践することで不要なものがなくなり，作業に必要な床面積を減らすことができます．これにより，余剰スペースはほかの作業に割り当てることができます．また，作業に必要な工具や部品を取りに動く範囲が少なくなりますので，作業時間が短縮されます．

　整頓は，作業に使う材料，工具など必要なものを決められたトレーや工具棚に整然と準備しておくことです．すでに整理の段階で不用品は処分されていますので，今あるものは必要なものだけです．したがって，これをわかりやすく準備し

5章 機械設計の重要ポイント

ておくことで探す時間が短縮されます．実は探す時間というのは結構長いもので，モノさがし，データ探しだけで長時間費やしてしまうこともあると思います．

清掃は，工具などについた油や接着剤，テープなどを除去することです．作業場にあるものは会社の財産，作業者の財産であり，個人の所有物ではありません．だれが来ても気持ちよく使えるようにしておきます．

清潔は，これまで記載した内容を維持することです．5S活動のスタート時は皆が意識しているので良いのですが，だんだんと意識が薄れて，数年後には元通りになっている．このようなことにならないためには，意識を持続していくことが大切です．

しつけは，これらの事柄を所属員全員が守ることを指しています．

5Sの効果

① **整　理**：無駄な作業スペースの排除 ⇨ 余剰スペースの活用
② **整　頓**：探す時間の短縮　　　　　　⇨ 余剰時間の活用
③ **清　掃**：作業環境の改善　　　　　　⇨ 品質の向上
④ **清　潔**：整理，整頓，清掃の維持　　⇨ 永続的なスパイラルアップ
⑤ **しつけ**：決められたことの順守　　　⇨ 意識の向上と伝承

必要・重要分類

これまで解説してきたように，設計者には幅広い見識が求められており，日々の業務も多岐に渡っています．すべての業務に全力で当たっていくことは理想かもしれませんが，それでは身体が参ってしまいます．そこで，業務を分類して効率よく進めていく方法を紹介します．

日々の仕事はどれも大切な業務です．しかし少し見方を変えると，大きく二つに分類することができます．それは「**必要**」と「**重要**」です．ここで，この二つを定義づけておきます．

必要：必ずやらなければならないこと．
重要：価値のあること．

ただし業務の要素として，はっきりと二分されるわけではなく，双方を併せもった性質の業務も存在します．では，簡単な具体例で考えてみます．

5.3 効率の良い業務管理手法

例 出張で東京から新幹線に乗って、大阪で顧客と設計会議を行い、新幹線で戻ってくる．

この例の場合、どのような業務があるかを考えてみます．細かい内容でも構わず、どんどん出してみることが大切です．

業務
- 新幹線の列車の指定
- 乗車券，特急券の手配
- 設計会議のレジュメ作成
- 会議内容の整理と準備
- 資料の印刷
- 昼食のお店
- 会議後の懇親の場のセッティング
- 会議の振返り

設計者、技術者とはいいながら、いろいろなことを（気を利かせて）準備しておかなければなりません．では、この抽出した業務を必要と重要に分類してみます．分類の方法、目安は以下のとおりです．

① **必要** ➡ それをやらなければ業務が成立しないが、成果への貢献度はあまり高くない．
- 新幹線の列車の指定
- 乗車券，特急券の手配
- 設計会議のレジュメ作成
- 資料の印刷
- 昼食のお店
- 会議後の懇親の場のセッティング

② **重要** ➡ しっかりと時間をかけて遂行すべき業務．
- 会議内容の整理と準備
- 会議の振返り

このように考えると、結果的には次のように取り組むとよいでしょう．

> 必要な業務：正確に、要領よく、迅速に取り組む．
> 重要な業務：時間をかけてしっかり考えて取り組む．

日常の業務でいえば、伝票処理や手続き書類、会議議事録の作成などは必要な

業務の分類に入ります．一方，設計のための試験準備，論文作成などは重要な業務と位置づけて，じっくり進めていきたいものです．

では，必要な業務を早く終わらせるコツは何でしょうか．それは「**悩まない**」ことです．悩まないことは，考えないこととは違います．考えて進めることは大切ですが，もし悩んでいることで時間を費やすのなら，知っている人に聞くなどして，積極的に解決するのが得策です．そのためにも業務内容，案件によって教えてもらえる人脈は大切です．

ガントチャートの活用法

日常業務をキャッチボールに例えると，効率よく進めるためのコツに「**ボールをもたない**」ことが挙げられます．ボールをもつとは，業務を抱え込まないということです．受けたボール（業務）は素早く判断，処理して相手に返すことがポイントです．また，投げたボールは返球してもらわなければなりません．しかし報告書や見積りなど，依頼しているものがなかなか出てこないことは日常茶飯事です．そこでボールを投げるとき，つまり相手にものごとを依頼するときのポイントがあります．それは「**期限を指定する**」ことです．そして，もし期限に遅れそうであるならば，その期限日に進捗状況を教えてもらうようにお願いしておきます．このように期限管理を実施することで，業務は驚くほど効率的に進みます．

番号	項目	依頼日時	方法	1 水	2 木	3 金	4 土	5 日	6 月	7 火	8 水	9 木	10 金	11 土	12 日	13 月	14 火	15 水	16 木	17 金
1	○○仕様書提出期限	2016/2/○ 13:12	mail								確認					期限				
2	△△報告書受領日	2016/3/○ 10:00	TEL										確認					期限		
3	□□検査結果フィードバック	2016/4/○ 15:40	TEL			確認										期限				
4	☆☆品質強化週間	2016/4/○ 10:38	mail							準備	←							報告		
5																				
6																				
7																				
8																				

ガントチャートの例

さて，こういった期限の管理にはガントチャートを活用すると便利です．ガントチャートは作業全体の進み具合を把握する表で，縦軸に業務内容などの項目，横軸に日（時間）をとったグラフです．

左の図はガントチャートの一例です．

縦軸には相手に投げたボール，つまり業務内容を次々と書いていきます．例えば「○○案件の見積り依頼」「△△案件の図面検討結果提出」「□□故障の調査結果報告」などを自分でわかりやすいように記載します．案件が増えてくると内容が混乱してきますので，依頼した日・時間・手段（メール，電話など）を併せて記載しておきます．ここでの注意点は，依頼した内容だけを記載することです．自分の業務を忘れないように書いておくことも良いのですが，記載案件が増えてくると，一つひとつに対する意識が低下してしまいます．

横軸は時間軸ですので，ここではカレンダーとして日付と曜日を記載しておきます．棒グラフは自分の管理しやすいように色分けしても良いと思います．記載のポイントは，相手からの答えを受領する日に目印を付けておくことです．そして毎朝，このガントチャートを確認することで，キャッチボールが円滑に進んでいきます．

ガントチャートはいろいろなところで活用されていますが，ここでは個人管理できる簡易なものを紹介しました．複雑化したガントチャートは見栄えは良いですが，チャートを作成したり管理したりすることの手間がかかってしまいます．個人業務の管理であれば，簡易に記載できて毎日活用できるものが最適でしょう．

① 5Sは作業安全だけではく，業務効率化にも寄与する管理手法である．
② 必要項目と重要項目を要領よく分類して作業時間を適正に配分することで，設計品質を向上させることができる．
③ ガントチャートをあらゆる場面で有効活用し，自己の確実な業務管理を行う．

5.4 コミュニケーションスキル

　社会人はまず人間関係から，という言葉をよく耳にします．社会はコンピュータ化が加速し，世の中はディジタル化がどんどん進んでいくなかで，人間関係のありかたについて改めて考えてみてもいいのかもしれません．著者は，技術者は技術を身に付けることが第一だと考えていますので，人間関係については悩まないことにしています．必要であれば，相手が誰であろうと自分の意見はきちんと主張して議論し，自分に不足点があったら勉強し直します．

　さて，技術者にとって必要なコミュニケーションスキルとは，どういったものでしょうか．少なくとも接客と同じ意味ではありませんし，もしかしたら正解などないかもしれません．世の中にはいろいろな人がいます．厳しい人，無口な人，さわやかな人，世話好きの人などなど，こういった個性が大切なわけで，無理に着飾る必要などありません．「礼儀をわきまえた自然体」でいることが一番ではないかと考えています．

健康とコミュニケーション

　コミュニケーションとは直接的に関係ないように思えますが，健康でいることは大切です．体調が優れないと気持ちも沈んできてしまいます．日々どうしても運動不足になりがちだと思いますので，積極的に運動することをお勧めします．また，運動はどうも苦手，という方はウォーキングが良いでしょう．実際に始めてみると最初はきついかも知れませんが，徐々に慣れてきて1時間程度なら快適に歩くことができるようになります．

　ウォーキングは脳を活性化するともいわれています．著者は歩くことが好きなので何か発想が欲しいときは，必ず歩きながら考えます．そして閃いた瞬間にメモをとっておくようにしています．

　自分自身が爽やかな気持ちでいられると，家族や仕事仲間とも明るく接することができ，何事も好転していきます．

あいさつの効果

「朝のあいさつは爽やかに！」と心で思っていても，なかなか毎日できないものです．あいさつは相手との心のバリアを取り払ってくれる効果がありますから，家庭や職場でも積極的にあいさつを心がけてください．

高校野球などアマチュアスポーツでは，試合前に「お願いします！」というあいさつを交わします．この気持ちをもつことはとても大切です．ぜひ意識して使ってみてください．他人に要件を依頼するときはもちろん，日常の買い物でレジにいる店員の方にも一声掛けて，常に感謝の気持ちをもつようにしてみてはいかがでしょうか．

確認会話

人間誰しも「ついうっかり」といったミスを犯すことがあります．些細なミスでも積み重なると大きな事故につながることは，**ハインリッヒの法則**で知られています．一つの重大災害の背後には29件の軽微な災害があり，その背景には300件のヒヤリ，ハットが存在する，という法則です．作業現場での災害防止として多くの事業所で定着している考え方です．

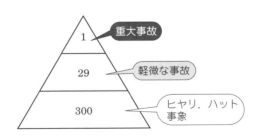

ハインリッヒの法則

ハインリッヒの法則からもわかるように，日ごろからうっかりミス，ヒヤリ，ハットを減らすために気配りしていかなければなりません．特に設計などの事務作業では**確認会話**が必要になります．確認会話では復唱，つまり同じ言葉を繰り返して確認する方法がありますが，ここで少し工夫をすることでさらに確実にミスを防ぐことができます．

実際にあった事例です．

5章　機械設計の重要ポイント

　14時から会議を予定していたのですが，先方の担当者が時間になっても来ません．携帯電話に連絡をとってもつながらず，結局16時になって現れました．14時と午後4時を完全に勘違いしていたのです．原因は

　当方「では14時にお越しください」

　先方「はい，4時に伺います」

という会話でした．これでは確認会話になりません．

　こういった場面では，「午後4時」と言い直すことで気づく可能性は高くなり，ミス防止になります．確認会話とは，このように表現を変えて返すことが大切です．

ティーチングとコーチング

　業務経験が長くなりベテランの領域になってくると，後輩，新人を育成する立場となります．このようなときにコミュニケーションスキルは特に重要になります．人に仕事を教える，ということは非常に難しい仕事だということを意識してください．設計業務など，経験を積んで会得したものは簡単には伝承できませんので，教える側，教えられる側，ともに空回りして結果的にうまく伝わらないことも，実際によく見かけます．

　人材育成を行う立場になったときには，場面に応じてティーチングとコーチングを使い分けてください．ティーチングはスキルを相手に教えることであり，コーチングはスキルを相手に気づかせることです．

5.4 コミュニケーションスキル

　業務管理手法の項で，作業を「必要」と「重要」に区別して考える方法を紹介しましたが，これを参照していただき，必要度が高い業務はティーチングで教育を，重要度が高い業務はコーチングで教育を行うと効果的です．

　最後に，コーチングの注意点です．教える立場では，つい短気になって口数が多くなります．これは謹んでください．コーチングの良さは，相手に気づいてもらうことです．したがって，ヒントを与えたあとはじっくりと相手の声に耳を傾けてください．

① 毎日の健康と爽やかなあいさつが，良好なコミュニケーションを生む．
② ちょっと言い方を変えた確認会話を励行することで伝達ミス，作業ミスを確実に防止する．
③ ティーチングとコーチングを上手に使い分けて，質の高い人材育成を目指す．

5.5 会議運営・プレゼンテーション・文書作成のスキル

会議運営

　設計者にとって，会議は常につきものです．設計者どうしの会議，社内デザインレビュー，サプライヤとの仕様打合せなど，日々いろいろな会議をこなしていかなければなりません．会議を手際よく進めるためのポイントを会議前，会議中，会議後に分けてまとめてみます．

会議前

- 事前告知の内容が正確に伝わっているか．日時，場所に変更はないか．
- 必要な立場の人が出席しているか．
- 資料は必要数準備できているか．

　開催日時や場所の変更があった場合でも，その内容が出席者に事前に伝わっていなければ開催することはできません．比較的犯しやすいミスですので，忘れずに確認してください．また，出席者が集まってみたら，代理出席者ばかりだった，という会議では何も決めることができません．

　事前準備ができたら，出席者のメンバや議事案件の内容から結果を予測しておきます．主催側が考えていたとおりの結果になることもあれば，思い通りにならない結果になることもあります．このように結果には幅がありますので，結果を予想して，そのときの対処方法を事前に考えておくことで，その後の業務を迅速に行うことができるでしょう．

会議中

- 議事の方向性がずれてきていないか．
- 司会者が発言に流されていないか．
- 全員が発言しているか．

　会議は白熱してくると次第に方向性がずれてしまうことがあります．気づいて軌道修正を行うことはできますが，そこまでの時間は無駄になってしまいます．司会者もこれに流されてはいけません．

　全員の発言をうまく引き出すのも司会者の役割です．自発的な意見がでない状況に陥ったときは，司会者側から指名して一言発言してもらうことも有効です．

5.5 会議運営・プレゼンテーション・文書作成のスキル

▌会議後

- 議事はきちんと記録されているか.
- 検討漏れはないか.
- 新たに浮彫りになった案件はあるか.

　議事は必ず議事録にして残します．議事録作成の方法は，ボイスレコーダで録音しておくのもよいでしょう．議事録は要点をまとめて簡潔に記載します．でき上がったら出席者に回覧して内容を確認し，必要に応じて修正します．完成した議事録は出席者に配付して保存しておきます．製品が完成したあとで仕様が違っていた場合などは，議事録から経緯が判明することもありますので，手間を惜しまずしっかり残してください．

　会議のなかで新たに発生した問題などは，別の場で協議することになります．うまく進展しないようでしたら，開催場所や時間，人を変えて，新たな気持ちで臨むと良いアイデアが出ることもあります．

プレゼンテーション

　技術研究の成果や新しい製品の完成時など，技術者はプレゼンテーションによって相手に内容を伝えることが多くなってきます．近年は資料のほとんどがプロジェクタを使って，ビジュアル的にもわかりやすく提示できるようになってきています．

　ただ，パワーポイントなどプレゼンテーション用のソフトウェアを使うことで資料作成が効率よくできる反面，でき栄えばかりにこだわり，本質がうまく伝わらないこともありますので注意が必要です．

▌事前準備

- 会場の広さ，スクリーンの大きさを把握しているか.
- 受講対象者の知識レベルを把握しているか.
- 話の内容は発表時間内に収められるか.
- 発表内容にストーリー性はあるか.
- 理解度の到達点はどこか.

5章　機械設計の重要ポイント

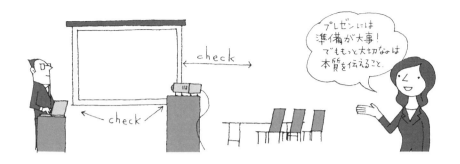

　事前準備では，資料の作成，印刷などに気を取られがちですが，会場の広さなど周辺環境を把握しておくことが肝要です．広い会場でスクリーンが小さい場合は投影する文字の大きさや色彩に注意が必要です．

　受講者の年齢，知識レベルなどの情報を把握しておくことも忘れてしまいがちです．一般の人を対象とした発表では，業界用語や専門用語はなるべく避けて一般的な表現で準備しておきたいものです．実はこれができそうでできないことで，用語を上手に使い分けている人の発表は，とてもわかりやすいものです．

　発表原稿を時間内に収まる分量で準備することは当然であり，さらに**ストーリー性**が重要なポイントです．よくある事例は，発表内容が結果的に単なる「時系列の作業報告」にとどまってしまった，というものです．ストーリー性とは，起承転結がしっかりしていて，課題がどこにあり，どのような方策によって何が明らかになったか（解決したか），が明示されていることです．

　受講者の知識をどのレベルまでもっていくか，到達点を決めておくことで，過剰な情報の提示を抑え，時間を効率良く使うことができます．発表がはじまるとついついいろいろ話を追加したくなってしまい，到達点を見失ってしまう場合もあります．事前に到達点を決めておき，効果的に進める準備をしておきましょう．

発表中

- 早口になっていないか．
- 視線は全体を見ているか．
- 相手の心に言葉が届いているか．
- 時間管理はできているか．

　発表が始まると誰しも緊張することで，若干早口になってしまう傾向があります．相手に語りかけるように意識的に落ち着いてしゃべることに加え，言葉の合

5.5 会議運営・プレゼンテーション・文書作成のスキル

間に空白時間を入れて,わずかでも受講者に考える時間を与えると,格段に理解してもらいやすくなります.

発表者は,慣れていないと視線が常に特定の人ばかりを捉えて話をしてしまうことがあります.意識して常に会場全体を見渡すようにゆっくり目線を動かしましょう.特に後ろのほうは発表者の表情がわかりくいので,目線,言葉ともに会場の後方へ送るように心がけるとよいでしょう.

与えられた**発表時間は必ず守る**ようにしましょう.終了間際になって慌てて内容をまとめるようでは,相手にもうまく伝わりません.

発表が終わると質疑を受けることになります.質問を受けたらその答えだけを語るのではなく,まず質問内容を復唱してから答えるようにしてください.このことで,質問者以外の会場の受講者も理解しやすくなります.

文書作成

技術者は文章を作成することが苦手な方が多いようです.しかし,技術論文などを作成する機会が多いのもまた技術者です.したがって,せっかくの成果も論文の良し悪しで大きく評価が変わってしまいます.必要のないことを脚色することは良くありませんが,成果を正しくきちんと伝えることは必要です.ここでは業界冊子に掲載する技術論文を例に考えてみます.

事前準備

- 読者を想定しているか.
- 読まれ方を想定しているか.
- テーマはあるか.

論文作成の依頼がきたときには，まず冊子の**読者対象**を確認します．業界内外，年齢や役職層，地域などを想定します．そして次に，想定された読者の中から，今回の論文は特にどの層の読者に読んでもらいたいかをしっかり考えます．執筆者の想いやテーマなどから，絞ってみるのもよいでしょう．

読者のターゲットが想定できたら，次に冊子の**読まれ方**を考えてみます．無償配布されるものか，一般書店で購入するものか，個人読者が多いのか，職場で回覧して読まれることが多いのか，読まれ方を考えることで，読者が能動的に読んでいるのか，受動的に読んでいるのかを想定します．個人で購入する冊子であれば，読者は一定の知識があるか，学ぶ姿勢をもって能動的に読んでもらえますので，専門的に掘り下げた内容でも理解してもらえます．一方で無償配布誌などは読者も受動的であり，回覧でパラパラ読む程度になることも多いので，写真やイラスト，図などを少し多めにしておくことが有効です．

本文の執筆では，プレゼンテーションのところでも説明したとおり，「時系列報告書」にならないように気を付けてください．そのためには**テーマ設定**が重要です．執筆しようとする製品のコンセプトは何でしょうか．もう一度振り返ってみてください．たとえば「コスト」「生産性」「環境性能」など，読者を想定してできるだけ合致するテーマを見つけてください．

執筆時

- 時系列報告書になっていないか．
- 否定的な表現になっていないか．
- 図表，写真は準備できているか．

繰り返しになりますが，慣れていない人が執筆した論文は，ほとんどが時系列報告書の体裁になってしまいがちです．これはぜひ意識して是正してほしいポイントです．テーマを決めて，起承転結に注意し，最後はテーマを再現して締めくくるとすっきり仕上がります．

文章表現のなかで，うまくいかなかった事例，失敗した内容を否定的に書いてしまうことがあります．このような場合でも視点を変えて表現を工夫することで，ものごとを前向きに捉えることができます．

例えば，「お年寄りや障害者が使いにくいことがわかり，形状を変更した」と表現するよりも「お年寄りや障害者でも使いやすくするために，形状を変更した」と表現したほうが読者へ真意も伝わります．このように，少しの表現の工夫で格段に読みやすくなっていきます．

5.5 会議運営・プレゼンテーション・文書作成のスキル

　図表はきれいに描かれたものを使用してください．特に印刷で縮小されると極端に読みにくくなってしまいます．また，写真の印象は大切ですので，高画素できれいに撮影されたものを使ってください．出版時の印刷がカラーかグレースケールかで写真の選び方は変わります．意匠，色彩に関係するものであれば，特に注意し，事前に印刷して確認しておくとよいでしょう．

① 会議運営では冷静に全体を把握して，方向性を見失わないように常に心掛ける．
② プレゼンテーションでは落ち着いて，間を取りながら，相手に伝えることを意識して話す．
③ 文書作成では，対象読者，読まれ方，印刷状態などを予測して，より良いものにするように心掛ける．

索 引

ア 行

アイソメトリック図	64
アイテム	138, 148
圧 延	9
圧縮ばね	34
圧 入	12
アッベの原理	27
アベイラビリティ	148
雨 水	124
誤 り	148
アルマイト処理	11
アルミニウム	10
アンケート	106
安全管理	158
安全思想	104
安全第一	167
意 匠	104
一点透視投影	66
一般構造用圧延鋼材	9
インゴット	10
植込みボルト	32
エラー	148
延 性	7
応 力	6
押えボルト	32
押出し	9, 14

カ 行

会議運営	178
改 質	15
改訂履歴管理	43
回転図示断面図	74
回転投影図	70
開発計画	108
外部環境	113
拡張性	102
確認会話	175
かくれ線	76
片側断面図	74
片口スパナ	16
カバリエ図	65
下方管理限界	157
紙加工仕上り寸法	44
紙図面	44
漢 字	56
ガントチャート	172
基準寸法	85
議事録	132, 179
気づき	99
基本折り	50
基本設計	41
キャビネット図	65
共 振	125
共通化	103
協 働	108
局部投影図	70
許容限界寸法	84
切りくず	126
緊急保全	146
金属材料	6
食い違い軸歯車対	36
偶発故障期間	136
組やすり	18
繰返し図形	78
警戒限界	157
計画策定	108
経時保全	145
携帯用グラインダ	22
結 露	124
検 査	140
検査基準	42
研 削	15
研削盤	24
現地調査	113
公差域	87
工作機械	23
交差軸歯車対	36
公差値	85
格子参照方式	48
構想設計	40
高 炉	8
極太線	52
誤 差	26
故 障	105, 138
故障強度率	149
故障度数率	149
故障メカニズム	137
故障モード	137
故障率	149
個人誤差	27
コーチング	176
小ねじ	30, 120
コミュニケーションスキル	174
転がり軸受	36
コンピュータ数値制御旋盤	23
コンベックスルール	20

サ 行

最小許容寸法	84
細 線	52
最大許容寸法	84

最大高さ粗さ	82
裁断マーク	48
座　金	33
作業標準	157
座　屈	3
皿小ねじ	31, 121
産業用ロボット	25
算術平均粗さ	81
三点透視投影	66
散布図	155

時間計画保全	145
軸　受	36
軸　角	36
試験計画	109
事故件数	167
事後保全	144, 146
視　差	27
市場調査	106
磁粉探傷試験	142
社会貢献	95
社会情勢	102
斜角探傷法	142
尺　度	49
射出成形	14
斜投影	65
十字穴付き小ねじ	31
十字ねじ回し	17
しゅう動抵抗	124
重　要	170
重要事項	114
修　理	138
縮　尺	49
樹脂部材	124
主投影図	68
シューハート管理図	156
焼　結	14
詳細設計	41, 119
状態監視保全	145
冗　長	149
仕様変更	115
上方管理限界	157
正面図	68
初期故障期間	136
除　去	15
処置限界	157

ショットピーニング	15
人材育成計画	110
靭　性	7
浸透探傷試験	141
真の値	26
信頼性	138, 147, 149
信頼性設計	149

推奨尺度	50
垂直探傷法	142
数値制御旋盤	23
すきまばめ	86
ステンレス鋼	10
ストレス	148
スパナ	16
滑り軸受	36
しまりばめ	86
図面袋折り	50
スラスト軸受	37
スラブ	8, 10
すり割り	17
すりわり付き小ねじ	30
寸法記入	78
寸法許容差	84
寸法公差	84
寸法線	79
寸法補助線	79

正規分布	153
成　形	13
製作誤差	84
脆　性	7
製造故障	138
製造物責任法	167
正投影	59
正投影図	60
製品開発	93
製品企画	98
製品検査	42
設計改良	100
設計技量	98
設計故障	138
設計者	92
設計審査	129
接　合	12, 123
切　削	15

設備記録簿	140
センタポンチ	21
全断面図	73
銑　鉄	8
旋　盤	23
栓溶接	12

| 塑性変形 | 7 |

タ 行

第一角法	61
第二角	61
第三角法	61
第四角	61
耐久性	148
台　座	127
対象図形	77
対象図示記号	77
耐用年数	102
タップ	19
弾性変形	6
鍛　造	9
断続溶接	12
端末記号	79
断面図	72

チタン	11
中間ばめ	86
中心距離	36
中心マーク	46
鋳　造	9, 14
超音波探傷試験	142
鳥瞰透視投影	66
直　尺	20

| 追加仕様 | 115 |
| 通常事後保全 | 146 |

定期点検	140
定期保全	145
ティーチング	25, 176
ディペンダビリティ	148
ディレーティング	105, 151
デザインレビュー	129
鉄　鋼	8
鉄鉱石	8

索　引

鉄工やすり ………………… 18
電気ドリル ………………… 22
点　検 ……………………… 140
展　性 ……………………… 7
転　炉 ……………………… 8

銅 …………………………… 11
投影数 ……………………… 68
投影法 ……………………… 59
等角投影 …………………… 64
透視投影 ………………… 59, 66
動力工具 …………………… 22
通しボルト ………………… 32
特性要因図 ………………… 152
特別延長サイズ …………… 44
とじ代 ……………………… 46
トーションバー …………… 34
度数分布 …………………… 153
塗　装 ……………………… 126
ドライバドリル …………… 22
取扱説明書 ………………… 168
ドリル ……………………… 19

ナ 行

中ぐり盤 …………………… 23
ナット ……………………… 32
なべ小ねじ ………………… 120

肉　盛 ……………………… 12
ニーズ ……………………… 106
日常保全 …………………… 140
二点透視投影 ……………… 66
二等角投影 ………………… 64

ねじ切りダイス …………… 19
ねじ回し …………………… 17
ねじりばね ………………… 34

納期遅延 …………………… 119
ノギス ……………………… 28

ハ 行

配　管 ……………………… 126
倍　尺 ……………………… 49
配　線 ……………………… 126
ハインリッヒの法則 ……… 175

歯　車 ……………………… 35
歯車対 ……………………… 35
パース画 …………………… 66
バスタブカーブ …………… 136
バックラッシ ……………… 36
ハッチング ………………… 73
ば　ね ………………… 34, 123
ばね座金 …………………… 33
ばね定数 …………………… 35
はめあい方式 ……………… 85
パレート図 ………………… 154
半製品 …………………… 9, 10
ハンマ ……………………… 19
反　力 ……………………… 6

比較目盛 …………………… 47
ビ　ス ……………………… 30
ヒストグラム ……………… 153
ひずみ測定 ………………… 143
引張ばね …………………… 34
必　要 ……………………… 170
必要事項 …………………… 114
非破壊試験 ………………… 140
ヒューマンエラー … 138, 149
標準時間 …………………… 158
標準尺 ……………………… 19
表題欄 …………………… 44, 45
表面粗さ …………………… 81
表面性状 …………………… 81
平座金 ……………………… 33
ビレット ………………… 8, 10
疲労破断 …………………… 7

ファイル折り ……………… 50
フェールセーフ …… 104, 151
フォールト ………………… 138
フォールトアボイダンス … 150
フォールト解析 …………… 139
フォールトトレランス …… 151
フォールトの木解析 ……… 139
付　加 ……………………… 12
普通公差 …………………… 87
不等角投影 ………………… 65
太　線 ……………………… 52
部品供給計画 ……………… 110
部品欄 ……………………… 49

部分拡大図 ………………… 71
部分断面図 ………………… 74
部分投影図 ………………… 69
フライス盤 ………………… 24
ブラインドリベット ……… 13
フリーハンド ……………… 55
フールプルーフ …… 105, 151
ブルーム …………………… 8
プレス ……………………… 13
プレゼンテーション ……… 179
文書作成 …………………… 181

平均故障間隔 ……………… 150
平均修復時間 ……………… 150
平行軸歯車対 ……………… 36
平行投影 …………………… 60

方向マーク ………………… 47
ボーキサイト ……………… 10
補助投影図 ………………… 71
保　全 …………………… 138, 144
保全基準 …………………… 43
保全作業性 ………………… 115
ボルト …………………… 32, 122
ボール盤 …………………… 23
ポンチ ……………………… 21
ポンチ絵 ………………… 40, 112

マ 行

マイクロメータ …………… 29
巻　尺 ……………………… 20
マグネシウム ……………… 11
摩擦攪拌接合 …………… 12, 123
まちがい …………………… 27
マニピュレータ …………… 25
摩耗故障期間 ……………… 137
丸皿小ねじ ………………… 121

ミ　ス ……………………… 175

文　字 ……………………… 56
モンキレンチ ……………… 17

ヤ 行

要員計画 …………………… 110
溶　射 ……………………… 15

溶　接……………………… 12	連結器……………………… 3	CNC 旋盤 ………………… 23
予算管理計画……………… 110	連続鋳造設備……………… 8	FSW ……………………… 12
予防保全…………………… 144	連続溶接…………………… 12	FSW ……………………… 123
	レンチ……………………… 16	LCL ……………………… 157
		MT ………………………… 142

ラ 行

ライフサイクル……… 40, 138		MTBF …………………… 150
ラジアル軸受……………… 36	### ワ 行	MTTR …………………… 150
	ワイヤバー………………… 10	NC 旋盤 …………………… 23
リベット…………………… 13		PT ………………………… 141
流体ばね…………………… 34	### 英数字	SM ………………………… 143
両口スパナ………………… 16	2σ 管理限界 ……………… 157	SS400 ……………………… 9
輪　郭……………………… 45	3σ 管理限界 ……………… 157	SUS304 …………………… 10
輪郭線……………………… 45	3σ 限界 …………………… 154	UCL ……………………… 157
	5S ………………… 158, 169	UT ………………………… 142
例外延長サイズ…………… 44	A 形書体 ………………… 56	X 形用紙 ………………… 44
レーザ溶接……………… 123	B 形書体 ………………… 56	Y 形用紙 ………………… 44

Note

Note

Note

〈著者略歴〉

鈴木 剛志（すずき　つよし）

1963年東京都練馬区生まれ．1984年工学院大学専門学校機械科卒業後，大手鉄道会社にて鉄道車両の開発，設計，保守に携わる．また，産学連携による省エネルギーに関する研究，技術系研修講師など幅広く活動している．
鉄道設計技士（鉄道車両）
電気学会正員

〈著　書〉

「これだけマスター　技能検定　機械保全（機械系学科1級＋2級対応）」（共著）
「やさしい機械図面の見方・描き方（改訂2版）」（共著）
「機械保全機械系1級学科完全マスター」（共著）
「機械保全機械系2級学科完全マスター」（共著）
「図解版機械学ポケットブック」（分担執筆）　以上　オーム社

- 本書の内容に関する質問は，オーム社書籍編集局「（書名を明記）」係宛に，書状またはFAX（03-3293-2824），E-mail（shoseki@ohmsha.co.jp）にてお願いします．お受けできる質問は本書で紹介した内容に限らせていただきます．なお，電話での質問にはお答えできませんので，あらかじめご了承ください．
- 万一，落丁・乱丁の場合は，送料当社負担でお取替えいたします．当社販売課宛にお送りください．
- 本書の一部の複写複製を希望される場合は，本書扉裏を参照してください．

JCOPY　＜（社）出版者著作権管理機構　委託出版物＞

実務に役立つ
機械設計の考え方×進め方

平成28年1月25日　第1版第1刷発行

著　　者　鈴　木　剛　志
発　行　者　村　上　和　夫
発　行　所　株式会社　オ　ー　ム　社
　　　　　郵便番号　101-8460
　　　　　東京都千代田区神田錦町3-1
　　　　　電　話　03(3233)0641（代表）
　　　　　URL　http://www.ohmsha.co.jp/

© 鈴木剛志 2016

組版　新生社　　印刷　美研プリンティング　　製本　協栄製本
ISBN978-4-274-21845-3　Printed in Japan

図解版 機械学ポケットブック

機械学ポケットブック編集委員会[編]

委員長　大石　久己
委　員　安達　勝之
　　　　飯田　明由
　　　　立野　昌義
　　　　松本　宏行

A5判・960頁
定価（本体9000円【税別】）

基本となる理論と技術をやさしく図解!

学生・技術者の座右の書

目次

1編　機械の設計手順
設計の流れ／設計の基本事項／知的所有権／設計手順の実例

2編　機械学の基礎
力学の基礎／運動の表現／回転を伴う運動

3編　機械のしくみとその動き
力の伝達と増幅／機構の解析／回転機械の運動／往復機械の運動／機械の振動

4編　機械制御と電気・電子技術
電気・電子の基礎／自動制御／シーケンス制御／フィードバック制御／制御の応用例

5編　エネルギーの変換と利用
エネルギー変換／熱機関／流体機械／エネルギー利用

6編　機械に働く力と要素設計
機械に働く力と材料の強さ／機械要素の設計

7編　材料の性質と加工
材料をつくる／機械材料の性質とその利用／材料の加工

8編　加工と管理のための計測技術
機械の計測／測定技術／データ処理方法

9編　各種機械の原理と応用
産業機械／鉄道車両（電車）／自動車／建設機械

10編　生産と加工のための管理技術
生産のための管理／CAD・CAM・CAE

11編　工学解析の基礎
代数の基礎／三角関数／式と曲線／解析学／統計の基礎／有限要素法解析の基礎

付録
機械製図基礎／力学に関する単位／主な工業材料の強度関連データ

本書の特長

　今日の機械工学は、電気・電子・制御をはじめとした諸工学（技術）と融合し、「複合工学」ともいうべき色彩を強めているが、その基本となる「基礎機械工学」の重要性・必要性は従来にも増して強まりつつある。
　本書は、今日における機械工学の「基礎」に限定し、基本的な理論・技術について、できるだけ図解化により、わかりやすくまとめた、いわば機械工学の「基礎ハンドブック」である。

もっと詳しい情報をお届けできます。
◎書店に商品がない場合または直接ご注文の場合も右記宛にご連絡ください。

ホームページ　http://www.ohmsha.co.jp/
TEL/FAX　TEL.03-3233-0643　FAX.03-3233-3440

（定価は変更される場合があります）